庖丁解牛
Linux内核分析

孟　宁　娄嘉鹏　刘宇栋◎编著

人民邮电出版社

北　京

图书在版编目（ＣＩＰ）数据

庖丁解牛Linux内核分析 / 孟宁，娄嘉鹏，刘宇栋编著. -- 北京：人民邮电出版社，2018.10（2023.2重印）
ISBN 978-7-115-49186-2

Ⅰ. ①庖… Ⅱ. ①孟… ②娄… ③刘… Ⅲ. ①Linux操作系统 Ⅳ. ①TP316.85

中国版本图书馆CIP数据核字（2018）第209270号

内 容 提 要

本书从理解计算机硬件的核心工作机制（存储程序计算机和函数调用堆栈）和用户态程序如何通过系统调用陷入内核（中断异常）入手，通过上下两个方向双向夹击的策略，并利用实际可运行程序的汇编代码从实践的角度理解操作系统内核，分析 Linux 内核源代码，从系统调用陷入内核、进程调度与进程切换开始，最后返回到用户态进程。

本书配有丰富的实验指导材料和练习，适合作为高等院校计算机相关专业的指导用书，也适合 Linux 操作系统开发人员自学。

◆ 编　著　孟　宁　娄嘉鹏　刘宇栋
　　责任编辑　张　爽
　　责任印制　焦志炜

◆ 人民邮电出版社出版发行　　北京市丰台区成寿寺路 11 号
　　邮编　100164　　电子邮件　315@ptpress.com.cn
　　网址　http://www.ptpress.com.cn
　　固安县铭成印刷有限公司印刷

◆ 开本：800×1000　1/16
　　印张：12.25　　　　　　　　　　2018 年 10 月第 1 版
　　字数：256 千字　　　　　　　　2023 年 2 月河北第 10 次印刷

定价：49.00 元

读者服务热线：**(010)81055410**　印装质量热线：**(010)81055316**
反盗版热线：**(010)81055315**
广告经营许可证：京东市监广登字20170147号

编写顾问委员会

序

大大小小、可见与不可见的计算机已成为现代人日常工作、学习和生活中必不可少的工具。操作系统是计算机之魂，作为用户使用计算机的接口，它负责调度执行各个用户程序，使计算机完成特定的任务；作为计算机硬件资源的管理者，它负责协调计算机中各类设备高效地工作。操作系统的重要性不言而喻。

对于软件工程师，理解操作系统的工作原理和关键机制是设计高质量应用程序的前提，但要做到这一点是十分困难的。一方面，操作系统设计涉及计算机科学与工程学科的方方面面，包括数据结构与算法、计算机组成与系统结构、计算机网络，甚至程序设计语言与编译系统等核心知识，以及并发、同步和通信等核心概念。另一方面，作为一个复杂庞大的软件产品，理解操作系统更需要理论与实践深度结合。

操作系统的相关学习资料十分丰富。有阐述基本原理者，有剖析典型系统者，还有构造示例系统者；有面向专业理论者，亦有面向应用实践者。角度多种多样，内容简繁不一。

本书的最大特点在于作者结合其多年的 Linux 操作系统实际教学经验编撰而成。作为一位经验丰富的高级软件工程师和专业教师，本书作者基于自己学习和研究 Linux 的心得，创新性地以一个 mykernel 和 MenuOS 为基础实验平台进行教学和实验组织，实现了理论学习与工程实践的自然融合，达到了事半功倍的效果。同时，书中设计了丰富的单元测试题和实验，引导读者循序渐进地掌握所学知识，并有效地促进读者深入思考和实践所学内容。作者基于本书开设的操作系统课程，其教学形式涉及面对面的课堂教学和在线慕课教学，选课对象既包括软件工程硕士，又包括一般工程实践者，学习人数已数以万计。本书的出版体现了作者认真吸收大量的学员反馈，不断优化课程的教学内容和过程组织的成果。

易读性是本书的另一特色。作者采用二维码这一新媒体时代的代表性技术组织全书的内容，达到了兼顾完整性和简洁性的目标。

作为一名多年从事计算机系统结构研究和教学的教育工作者，我认为本书的出版对于提升国内操作系统教学和实践水平非常有益，相信它必将受到读者的喜爱！

李曦

前　言

作者于 2000 年左右开始接触计算机，一直对计算机系统的工作机制抱有浓厚的兴趣，阅读了很多相关书籍，包括关于分析 Linux 源代码的书籍，但一直不得要领，没能准确把握计算机系统工作的核心机制。2009 年，我与中国科学技术大学软件学院结缘，从软件工程师转行成为教师。在学校里，我非常幸运地与陈香兰老师一起教授"Linux 操作系统分析"课程，可是面对 2000 万行的 Linux 内核代码和厚厚的《深入理解 Linux 内核》这本教材，我发现自己依然无法从全局和本质上把握 Linux 系统。

直到 2013 年暑假，我替另一位老师代课，教授"操作系统原理"课程（见二维码 1），凭借近 10 年使用 Linux 系统和学习 Linux 内核的经验，我为课程实验定下了一个"小目标"：学习"操作系统原理"就要动手编写一个小型操作系统。教学中的作业、实验和考试就像各种比赛一样，看似是在考学生，实际是在考验教师的水平和能力。当时学生的编程经验和动手能力普遍不足，很难独自完成编写一个哪怕非常微小的操作系统的任务，这时就需要教师给予启发和指导，帮助学生一步步完成预定的目标。正是在这次教学过程中，我在 Linux 内核繁杂的 CPU 初始化工作的基础上完成了一个简单、虚拟、可编程的计算机硬件模拟环境 mykernel（见二维码 2），在这个仅支持时钟中断的虚拟 CPU 中就可以建立属于自己的内核了。有了 mykernel，稍有编程能力的学生就可以编写一个简单的时间片轮转调度的小型内核，并且能读懂代码，深刻理解如何在 CPU 的一个指令执行流上实现多个进程。

二维码1

二维码2

正是有了实现 mykernel 的经验，我在之后的"Linux 操作系统分析"课程教学中有了清晰的思路。其中一位同学关于 mykernel 的总结也体现了我的感受：

mykernel 这样一个短小精悍的模拟内核，时常会给我提供看问题的角度和思路。当被庞杂的 Linux 内核代码弄得一头雾水时，我就去看看 mykernel，很多复杂的问题就可以用简单的机制解释了。

mykernel 为 Linux 内核初学者提供了一个很好的平台，目前有很多的 Linux 内核学习者在使用。台湾成功大学的黄敬群创建的 kernel-in-kernel 项目（见二维码 3）是一个 mykernel 的衍生项目，黄敬群

二维码3

还专门发邮件以取得我的授权。

在我看来，mykernel 是深入理解 Linux 的一个不错的工具，也是"Linux 操作系统分析"慕课课程及本书的一个重要实验。除了 mykernel 这一个实验外，本书还有哪些内容？一位慕课课程学员的总结非常到位，远远超过了我自己来介绍这门慕课课程及本书的文字水平，这里也分享给读者：

这门课没讲什么？

在学习操作系统时，我们知道了操作系统将 CPU 抽象为进程，将内存抽象为虚拟内存，学习了进程的调度算法、内存页面的置换算法，这门课并没有关注这些算法。操作系统的主要功能就是为用户屏蔽硬件的操作细节，帮助用户管理计算机系统的各种资源。同步机制是我们处理并发任务和进行资源管理的重要手段。关于原子操作、信号量和自旋锁等内容，该课程中没有讲解。在操作系统原理课程中，没有着重讲解的各种设备驱动程序实际上占了 Linux 内核代码的大部分比例，这门课并没有这部分内容。没有讲解文件系统的结构与实现，以及 VFS 等。

这门课讲了什么？

对于要研究 Linux 内核的人来说，x86 汇编语言是你必须要面对的第一关。因为操作系统需要大量对寄存器的操作，这是与体系结构相关的操作，所以必须用汇编语言来解决。这门课在一开始就讲解了 x86 汇编语言，并在后面的课程中不断巩固，这一点对于阅读内核源码非常有用。该课程用一个简单的演示内核 mykernel 来说明 Linux 是如何启动的，包括一个进程是怎样描述的（PCB 信息）、0 号进程（idle）的创建与演化、1 号进程 init 的创建与加载、2 号进程 kthreadd 的创建等。这可以使我们从顶层对 Linux 内核有一个大概的认识，并且课中手把手地进行源码教学，可以让人减少对结构复杂的内核代码的恐惧。我们日常使用内核，其实大部分功能都是使用它的系统调用，如从创建一个新的进程 fork、装载程序 execve，到输入/输出、时间查询等。因此，我们研究内核，很大一部分都是在研究如何实现这些系统调用。这门课花了两周时间来讲解系统调用在内核中是如何进行的。如果把进程创建和可执行程序的装载也当成系统调用的讲解，那么实际上占了课程的一半。因此，课程的设置正体现了这些系统调用在内核构成中的重要性。课中提供了一个试验环境 MenuOS，该系统实现了一个命令行菜单系统，我们只需要添加我们希望执行的功能函数到菜单就好了。同时，利用 Qemu 和 gdb，我们跟踪了各种系统调用的执行过程。虽然这门课没有讲具体的调度算法，如 Linux 内核中著名的完全公平队列 CFS，但对于进程调度来说，除了调度算法，还有两个重要的问题，那就是进程的调度时机与切换过程，该课程花了一节课的时间来讲解 schedule() 函数的实现。我们不仅需要学习 Linux 内核的相关知识，更需要学习正确的人生观和世界观，这门课的精髓在于不仅教会你如何分析 Linux 内核，而且教你做事的方法论："天下难事必做于易，天下大事必做于细"。对于代码规模庞大无从下手的内核，我们从小处入手，步步为营，最终掌控全局。

　　由于慕课课程的受众比较多元化，课程的容量和看视频做实验的时间都需要严格控制，因此 8 周的慕课课程及本书内容主要聚焦在 Linux 系统工作的核心机制上，算是基础核心篇，相对来讲比较短小精悍。我所讲授的中国科学技术大学软件学院的研究生课程"Linux 操作系统分析"涉及的内容要比上述内容更多。不少学员提出问题：学完慕课课程之后想继续深入学习，需要学习哪些内容？我个人认为，深入理解 Linux 系统除了理解 Linux 系统工作的核心机制之外，文件的概念和实现也非常重要。类 UNIX 系统非常成功的抽象就是"一切都是文件"，深入理解文件的概念和内核实现对于理解 Linux 内核尤为重要。如果有机会继续做后续课程，我来选择的话首先要做的就是文件抽象篇。

　　无论是基础核心篇，还是上述提及的文件抽象篇，都要注重理解，而非应用。从应用的角度来学习和研究 Linux 内核，其实还可以分为 API 接口篇、网络协议篇和驱动程序篇，分别对应的阅读人群大致为底层应用软件或系统软件的开发人员、网络相关的工作人员和硬件驱动程序开发人员。可能有读者会疑惑为什么没有内存管理，内存管理的底层实现基本上固化到了 CPU 芯片内部，它对于理解 Linux 系统工作的核心机制和系统架构都相对单纯独立，已经通过进程的地址空间在逻辑上做了清晰的隔离。而从应用的角度来看，垃圾回收（Garbage Collection，GC）成为语言的标配已经是大势所趋。除非专业从事存储器产品研发、芯片内部存储管理模块或内核内存管理模块开发等细分领域，我个人认为操作系统原理中涉及的内存管理相关的知识已经足够了。

致谢

　　感谢中国科学技术大学软件学院曾一起合作教授"Linux 操作系统分析"课程的陈香兰和李春杰两位老师，他们为"Linux 操作系统分析"慕课课程及本书做出了前期基础性的贡献。

　　感谢网易云课堂的孙志岗，没有他的鼓励和支持，我多年获得的教学成果恐怕至今也不会以慕课课程的方式在互联网上与学习者见面，本书更是无从谈起。

　　感谢实验楼的石磊在开发和配置"Linux 操作系统分析"慕课课程的实验环境过程中提供了很多支持和帮助。

　　感谢电子工业出版社章海涛老师提出了很好的意见和建议，以及为本书前期的筹备工作所做的贡献。

感谢本书的两位合作者，分别是北京电子科技学院的娄嘉鹏和刘宇栋，没有你们的鼓励和鼎力支持，本书出版恐怕遥遥无期。

感谢"Linux 操作系统分析"慕课课程建设之前的中国科学技术大学软件学院的几届学生，感谢你们在学习过程中撰写了很多高质量的博客，为慕课课程和本书做出了贡献。

感谢人民邮电出版社陈冀康、张涛、张爽 3 位编辑为本书顺利出版所做的工作和努力。

由于写作时间仓促及作者的能力有限，本书难免会有不足之处，敬请各位读者批评指正，我的电子邮件地址为 mengning@ustc.edu.cn。

孟宁

2018 年春

资源与支持

本书由异步社区出品，社区（https://www.epubit.com/）为您提供相关资源和后续服务。

提交勘误

作者和编辑尽最大努力来确保书中内容的准确性，但难免会存在疏漏。欢迎您将发现的问题反馈给我们，帮助我们提升图书的质量。

当您发现错误时，请登录异步社区，按书名搜索，进入本书页面，点击"提交勘误"，输入勘误信息，点击"提交"按钮即可。本书的作者和编辑会对您提交的勘误进行审核，确认并接受后，您将获赠异步社区的 100 积分。积分可用于在异步社区兑换优惠券、样书或奖品。

扫码关注本书

扫描下方二维码，您将会在异步社区微信服务号中看到本书信息及相关的服务提示。

与我们联系

我们的联系邮箱是 contact@epubit.com.cn。

如果您对本书有任何疑问或建议，请您发邮件给我们，并请在邮件标题中注明本书书名，以便我们更高效地做出反馈。

如果您有兴趣出版图书、录制教学视频，或者参与图书翻译、技术审校等工作，可以发邮件给我们；有意出版图书的作者也可以到异步社区在线提交投稿（直接访问 www.epubit.com/selfpublish/submission 即可）。

如果您是学校、培训机构或企业，想批量购买本书或异步社区出版的其他图书，也可以发邮件给我们。

如果您在网上发现有针对异步社区出品图书的各种形式的盗版行为，包括对图书全部或部分内容的非授权传播，请您将怀疑有侵权行为的链接发邮件给我们。您的这一举动是对作者权益的保护，也是我们持续为您提供有价值的内容的动力之源。

关于异步社区和异步图书

"**异步社区**"是人民邮电出版社旗下 IT 专业图书社区，致力于出版精品 IT 技术图书和相关学习产品，为作译者提供优质出版服务。异步社区创办于 2015 年 8 月，提供大量精品 IT 技术图书和电子书，以及高品质技术文章和视频课程。更多详情请访问异步社区官网 https://www.epubit.com。

"**异步图书**"是由异步社区编辑团队策划出版的精品 IT 专业图书的品牌，依托于人民邮电出版社近 30 年的计算机图书出版积累和专业编辑团队，相关图书在封面上印有异步图书的 LOGO。异步图书的出版领域包括软件开发、大数据、AI、测试、前端、网络技术等。

异步社区

微信服务号

吾生也有涯，而知也无涯。以有涯随无涯，殆已；已而为知者，殆而已矣。为善无近名，为恶无近刑。缘督以为经，可以保身，可以全生，可以养亲，可以尽年。

庖丁为文惠君解牛，手之所触，肩之所倚，足之所履，膝之所踦，砉然响然，奏刀騞然，莫不中音。合于《桑林》之舞，乃中《经首》之会。

文惠君曰："嘻！善哉！技盖至此乎？"庖丁释刀对曰："臣之所好者道也，进乎技矣。始臣之解牛之时，所见无非牛者。三年之后，未尝见全牛也。方今之时，臣以神遇，而不以目视，官知止而神欲行。依乎天理，批大郤，道大窾，因其固然。技经肯綮之未尝，而况大軱乎！良庖岁更刀，割也；族庖月更刀，折也。今臣之刀十九年矣，所解数千牛矣，而刀刃若新发于硎。彼节者有间，而刀刃者无厚，以无厚入有间，恢恢乎其于游刃必有余地矣。是以十九年而刀刃若新发于硎。虽然，每至于族，吾见其难为，怵然为戒，视为止，行为迟。动刀甚微，謋然已解，如土委地。提刀而立，为之四顾，为之踌躇满志，善刀而藏之。"文惠君曰："善哉！吾闻庖丁之言，得养生焉。"

摘自《庄子·养生主》

目　　录

第**1**章

计算机工作原理

本章重点介绍计算机的工作原理，具体涉及存储程序计算机工作模型、基本的汇编语言，以及 C 语言程序汇编出来的汇编代码如何在存储程序计算机工作模型上一步步地执行。其中重点分析了函数调用堆栈相关汇编指令，如 call/ret 和 pushl/popl。

1.1 存储程序计算机工作模型

存储程序计算机的概念虽然简单，但在计算机发展史上具有革命性的意义，至今为止仍是计算机发展史上非常有意义的发明。一台硬件有限的计算机或智能手机能安装各种各样的软件，执行各种各样的程序，这在人们看起来都理所当然，其实背后是存储程序计算机的功劳。

存储程序计算机的主要思想是将程序存放在计算机存储器中，然后按存储器中的存储程序的首地址执行程序的第一条指令，以后就按照该程序中编写好的指令执行，直至程序执行结束。

相信很多人特别是学习计算机专业的人都听说过图灵机和冯·诺依曼机。图灵机关注计算的哲学定义，是一种虚拟的抽象机器，是对现代计算机的首次描述。只要提供合适的程序，图灵机就可以做任何运算。基于图灵机建造的计算机都是在存储器中存储数据，程序的逻辑都是嵌入在硬件中的。

与图灵机不同，冯·诺依曼机是一个实际的体系结构，我们称作冯·诺依曼体系结构，它至今仍是几乎所有计算机平台的基础。我们都知道"庖丁解牛"这个成语，比喻经过反复实践，掌握了事物的客观规律，做事得心应手，运用自如。冯·诺依曼体系结构就是各种计算机体系结构需要遵从的一个"客观规律"，了解它对于理解计算机和操作系统非常重要。下面，我们就来看看什么是冯·诺依曼体系结构。

在 1944～1945 年期间，冯·诺依曼指出程序和数据在逻辑上是相同的，程序也可以存储在存储器中。冯·诺依曼体系结构的要点包括：

❑ 冯·诺依曼体系结构如图 1-1 所示，其中运算器、存储器、控制器、输入设备和输出设备 5 大基本类型部件组成了计算机硬件；

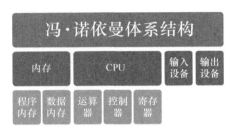

图1-1　冯·诺依曼体系结构

❑ 计算机内部采用二进制来表示指令和数据；

❑ 将编写好的程序和数据先存入存储器中，然后启动计算机工作，这就是存储程序的基本含义。

计算机硬件的基础是 CPU，它与内存和输入/输出（I/O）设备进行交互，从输入设备接收数据，向输出设备发送数据。CPU 由运算器（算术逻辑单元 ALU）、控制器和一些寄存器组成。有一个非常重要的寄存器称为程序计数器（Program Counter，PC），在 IA32（x86-32）中是 EIP，指示将要执行的下一条指令在存储器中的地址。C/C++程序员可以将 EIP 看作一个指针，因为它总是指向某一条指令的地址。CPU 就是从 EIP 指向的那个地址取过来一条指令执行，执行完后 EIP 会自动加一，执行下一条指令，然后再取下一条指令执行，CPU 像"贪吃蛇"一样总是在内存里"吃"指令。

CPU、内存和 I/O 设备通过总线连接。内存中存放指令和数据。

"计算机内部采用二进制来表示指令和数据"表明，指令和数据的功能和处理是不同的，但都可以用二进制的方式存储在内存中。

上述第 3 个要点指出了冯·诺依曼体系结构的核心是存储程序计算机。

我们用程序员的思维来对存储程序计算机进行抽象，如图 1-2 所示。

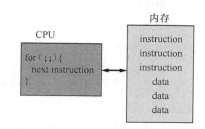

图1-2　存储程序计算机工作原理示意图

我们可以把 CPU 抽象成一个 for 循环，因为它总是在执行 next instruction（下一条指令），然后从内存里取下一条指令来执行。从这个角度来看，内存保存指令和数据，CPU 负责解释和执行这些指令，它们通过总线连接起来。这里揭示了计算机可以自动化执行程序的原理。

这里存在一个问题，CPU 能识别什么样的指令，我们这里需要有一个定义。学过编程的读者基本都知道 API（Application Program Interface），也就是应用程序编程接口。而对于程序员来讲，还有一个称为 ABI（Application Binary Interface）的接口，它主要是一些指令的编码。在指令编码方面，我们不会涉及那么具体的细节，而只会涉及和汇编相关的内容。至于这些指令是如何编码成二进制机器指令的，我们不必关心，有兴趣的读者可以查找指令编码的相关资料。此外，这些指令会涉及一些寄存器，这些寄存器有些约定，我们约定什么样的指令该用什么寄存器。同时，我们也需要了解寄存器的布局。还有，大多数指令可以直接访问内存，对于 x86-32 计算机指令集来讲，这也是一个重要的概念。对于 x86-32 计算机，有一个 EIP 寄存器指向内存的某一条指令，EIP 是自动加一的（不是一个字节，也不是 32 位，而是加一条指令），虽然 x86-32 中每条指令占的存储空间不一样，但是它能智能地自动加到下一条指令，它还可以被其他指令修改，如 call、ret、jmp 等，这些指令对应 C 语言中的函数调用、return 和 if else 语句。

现在绝大多数具有计算功能的设备，小到智能手机，大到超级计算机，基本的核心部分可以用冯·诺依曼体系结构（存储程序计算机）来描述。因此，存储程序计算机是一个非常基本的概念，是我们理解计算机系统工作原理的基础。

1.2　x86-32 汇编基础

Intel 处理器系列也称为 x86，经过不断的发展，体系结构经历了 16 位（8086，1978）、32 位（i386，1985）和 64 位（Pentium 4E，2004）几个关键阶段。32 位的体系结构称为 IA32（Intel Architecture 32bit），64 位体系结构称为 x86-64，但为了明确区分两者，本书中把 32 位体系结构称作 x86-32。本书与 Linux 内核采用的汇编格式保持一致，采用 AT&T 汇编格式。

1.2.1 x86-32 CPU 的寄存器

为了便于读者理解，下面先来介绍 16 位的 8086 CPU 的寄存器。8086 CPU 中总共有 14 个 16 位的寄存器：AX、BX、CX、DX、SP、BP、SI、DI、IP、FLAG、CS、DS、SS 和 ES。这 14 个寄存器分为通用寄存器、控制寄存器和段寄存器 3 种类型。

通用寄存器又分为数据寄存器、指针寄存器和变址寄存器。

AX、BX、CX 和 DX 统称为数据寄存器。

❑ AX（Accumulator）：累加寄存器，也称为累加器。

❑ BX（Base）：基地址寄存器。

❑ CX（Count）：计数器寄存器。

❑ DX（Data）：数据寄存器。

SP 和 BP 统称为指针寄存器。

❑ SP（Stack Pointer）：堆栈指针寄存器。

❑ BP（Base Pointer）：基指针寄存器。

SI 和 DI 统称为变址寄存器。

❑ SI（Source Index）：源变址寄存器。

❑ DI（Destination Index）：目的变址寄存器。

控制寄存器主要分为指令指针寄存器和标志寄存器。

❑ IP（Instruction Pointer）：指令指针寄存器。

❑ FLAG：标志寄存器。

段寄存器主要有代码段寄存器、数据段寄存器、堆栈段寄存器和附加段寄存器。

❑ CS（Code Segment）：代码段寄存器。

❑ DS（Data Segment）：数据段寄存器。

❑ SS（Stack Segment）：堆栈段寄存器。

- ❑ ES（Extra Segment）：附加段寄存器。

以上数据寄存器 AX、BX、CX 和 DX 都可以当作两个单独的 8 位寄存器来使用，如图 1-3 所示，以 AX 寄存器为例。

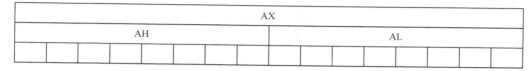

图1-3   AX 寄存器示意图

- ❑ AX 寄存器可以分为两个独立的 8 位的 AH 和 AL 寄存器。
- ❑ BX 寄存器可以分为两个独立的 8 位的 BH 和 BL 寄存器。
- ❑ CX 寄存器可以分为两个独立的 8 位的 CH 和 CL 寄存器。
- ❑ DX 寄存器可以分为两个独立的 8 位的 DH 和 DL 寄存器。

除了上面 4 个数据寄存器以外，其他寄存器均不可以分为两个独立的 8 位寄存器。注意，每个分开的寄存器都有自己的名称，可以独立存取。程序员可以利用数据寄存器的这种"可分可合"的特性，灵活地处理字/字节的信息。

了解了 16 位的 8086 CPU 的寄存器之后，我们再来看 32 位的寄存器。IA32 所含有的寄存器包括：

- ❑ 4 个数据寄存器（EAX、EBX、ECX 和 EDX）。
- ❑ 2 个变址和指针寄存器（ESI 和 EDI）。
- ❑ 2 个指针寄存器（ESP 和 EBP）。
- ❑ 6 个段寄存器（ES、CS、SS、DS、FS 和 GS）。
- ❑ 1 个指令指针寄存器（EIP）。
- ❑ 1 个标志寄存器（EFlags）。

32 位寄存器只是把对应的 16 位寄存器扩展到了 32 位，如图 1-4 所示为 EAX 寄存器示意图，它增加了一个 E。所有开头为 E 的寄存器，一般是 32 位的。

EAX 累加寄存器、EBX 基址寄存器、ECX 计数寄存器和 EDX 数据寄存器都是通用寄存器，程序员在写汇编码时可以自己定义如何使用它们。EBP 是堆栈基址指针，比较重要；

ESI、EDI 是变址寄存器；ESP 也比较重要，它是堆栈栈顶寄存器。这里可能会涉及堆栈的概念，学过数据结构课程的读者应该知道堆栈的概念，本书后面会具体讲到 push 指令压栈和 pop 指令出栈，它是向一个堆栈里面压一个数据和从堆栈里面弹出一个数据。这些都是 32 位的通用寄存器。

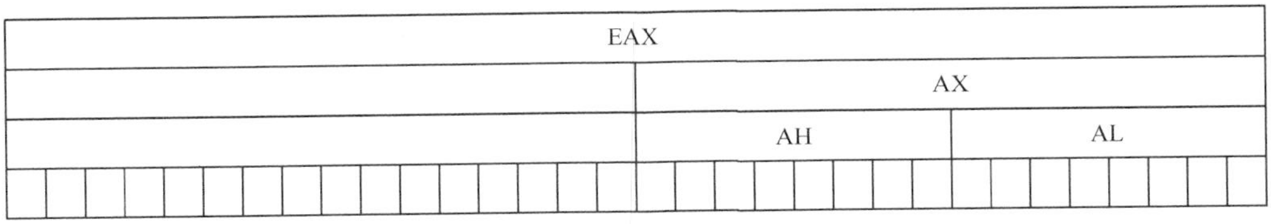

EAX				
			AX	
			AH	AL

图1-4　EAX寄存器示意图

值得注意的是在 16 位 CPU 中，AX、BX、CX 和 DX 不能作为基址和变址寄存器来存放存储单元的地址，但在 32 位 CPU 中，32 位寄存器 EAX、EBX、ECX 和 EDX 不仅可以传送数据、暂存数据保存算术逻辑运算结果，还可以作为指针寄存器，因此这些 32 位寄存器更具通用性。

除了通用寄存器外，还有一些段寄存器。虽然段寄存器在本书中用得比较少，但还是要了解一下。除了 CS、DS、ES 和 SS 外，还有其他附加段寄存器 FS 和 GS。常用的是 CS 寄存器和 SS 寄存器。我们的指令都存储在代码段，在定位一个指令时，使用 CS:EIP 来准确指明它的地址。也就是说，首先需要知道代码在哪一个代码段里，然后需要知道指令在代码段内的相对偏移地址 EIP，一般用 CS:EIP 准确地标明一个指令的内存地址。还有堆栈段，每一个进程都有自己的堆栈段（在 Linux 系统里，每个进程都有一个内核态堆栈和一个用户态堆栈）。标志寄存器的功能细节比较复杂烦琐，本书就不仔细介绍了，读者知道标志寄存器可以保存当前的一些状态就可以了。

现在主流的计算机大多都是采用 64 位的 CPU，那么我们也需要简单了解一下 x86-64 的寄存器。实际上，64 位和 32 位的寄存器差别也不大，它只是从 32 位扩展到了 64 位。前面带个 "R" 的都是指 64 位寄存器，如 RAX、RBX、RCX、RDX、RBP、RSI、RSP，还有 Flags 改为了 RFLAGS，EIP 改为了 RIP。另外，还增加了更多的通用寄存器，如 R8、R9 等，这些增加的通用寄存器和其他通用寄存器只是名称不一样，在使用中都是遵循调用者使用规则，简单说就是随便用。

1.2.2　数据格式

在 Intel 的术语规范中，字（Word）表示 16 位数据类型；在 IA32 中，32 位数称为双字（Double Words）；在 x86-64 中，64 位数称为四字（Quad Words）。图 1-5 所示为 C 语言

中基本类型的 IA32 表示，其中列出的汇编代码后缀在汇编代码中会经常看到。

C 语言类型	Intel 数据类型	汇编代码后缀	字节数（Byte）
char	Byte	b	1
short	Word	w	2
int	Double word	l	4
long int	Double word	l	4
long long int	—	—	4
char*	Double word	l	4
float	Single precision	s	4
double	Double precision	l	8
long double	Extended precision	t	10/12

图1-5 C语言中基本类型的IA32表示

1.2.3 寻址方式和常用汇编指令

汇编指令包含操作码和操作数，其中操作数分为以下 3 种：

❏ 立即数即常数，如$8，用$开头后面跟一个数值；

❏ 寄存器数，表示某个寄存器中保存的值，如%eax；而对字节操作而言，是 8 个单字节寄存器中的一个，如%al（EAX 寄存器中的低 8 位）；

❏ 存储器引用，根据计算出的有效地址来访问存储器的某个位置。

还有一些常见的汇编指令，我们来看它们是如何工作的。最常见的汇编指令是 mov 指令，movl 中的 l 是指 32 位，movb 中的 b 是指 8 位，movw 中的 w 是指 16 位，movq 中的 q 是指 64 位。我们以 32 位为主进行介绍。

首先介绍寄存器寻址（Register mode）。所谓寄存器寻址就是操作的是寄存器，不和内存打交道，如%eax，其中%开头后面跟一个寄存器名称。

```
movl %eax, %edx
```

上述代码把寄存器%eax 的内容放到%edx 中。如果把寄存器名当作 C 语言代码中的变量名，它就相当于：

```
edx = eax;
```

立即寻址（immediate）是用一个$开头后面跟一个数值。例如：

```
movl $0x123, %edx
```

就是把 0x123 这个十六进制的数值直接放到 EDX 寄存器中。如果把寄存器名当作 C 语言代码中的变量名，它就相当于：

```
edx = 0x123;
```

立即寻址也和内存没有关系。

直接寻址（direct）是直接用一个数值，开头没有$符号。开头有$符号的数值表示这是一个立即数；没有$符号表示这是一个地址。例如：

```
movl 0x123, %edx
```

就是把十六进制的 0x123 内存地址所指向的那块内存里存储的数据放到 EDX 寄存器里，这相当于 C 语言代码：

```
edx = *(int*)0x123;
```

把 0x123 这个数值强制转化为一个 32 位的 int 型变量的指针，再用一个*取它指向的值，然后放到 EDX 寄存器中，这就称为直接寻址。换句话说，就是用内存地址直接访问内存中的数据。

间接寻址（indirect）就是寄存器加个小括号。举例说明，%ebx 这个寄存器中存的值是一个内存地址，加个小括号表示这个内存地址所存储的数据，我们把它放到 EDX 寄存器中：

```
move (%ebx), %edx
```

就相当于：

```
edx = *(int*)ebx;
```

把这个 EBX 寄存器中存储的数值强制转化为一个 32 位的 int 型变量的指针，再用一个*取它指向的值，然后放到 EDX 寄存器中，这称为间接寻址。

变址寻址（displaced）比间接寻址稍微复杂一点。例如：

```
movl 4(%ebx), %edx
```

读者会发现代码中“（%ebx）”前面出现了一个 4，也就是在间接寻址的基础上，在原地址上加上一个立即数 4，相当于：

```
edx = *(int*)(ebx+4)
```

把这个 EBX 寄存器存储的数值加 4，然后强制转化为一个 32 位的 int 类型的指针，再用一个*取它指向的值，然后放到 EDX 寄存器中，这称为变址寻址。

如上所述的 CPU 对寄存器和内存的操作方法，都是比较基础的知识，需要牢固掌握。

x86-32 中的大多数指令都能直接访问内存，但还有一些指令能直接对内存操作，如 push/pop。它们根据 ESP 寄存器指向的内存位置进行压栈和出栈操作，注意这是指令执行过程中默认使用了特定的寄存器。

还需要特别说明的是，本书中使用的是 AT&T 汇编格式，这也是 Linux 内核使用的汇编格式，与 Intel 汇编格式略有不同。我们在搜索资料时可能会遇到 Intel 汇编代码，一般来说，全是大写字母的一般是 Intel 汇编，全是小写字母的一般是 AT&T 汇编。本书中的代码用到的寄存器名称都遵守 AT&T 汇编格式采用全小写的方式，而正文中需要使用寄存器名称一般使用大写，因为它们是首字母缩写。

还有几个重要的指令：pushl/popl 和 call/ret。pushl 表示 32 位的 push，如：

```
pushl %eax
```

就是把 EAX 寄存器的值压到堆栈栈顶。它实际上做了这样两个动作，其中第一个动作为：

```
subl $4, %esp
```

把堆栈的栈顶 ESP 寄存器的值减 4。因为堆栈是向下增长的，所以用减指令 subl，也就是在栈顶预留出一个存储单元。第二个动作为：

```
movl %eax, (%esp)
```

把 ESP 寄存器加一个小括号（间接寻址），就是把 EAX 寄存器的值放到 ESP 寄存器所指向的地方，这时 ESP 寄存器已经指向预留出的存储单元了。

接下来介绍 popl 指令，如：

```
popl %eax
```

就是从堆栈的栈顶取一个存储单元（32 位数值），从堆栈栈顶的位置放到 EAX 寄存器里，这称为出栈。出栈同样对应两个操作：

```
movl (%esp), %eax
addl $4, %esp
```

第一步是把栈顶的数值放到 EAX 寄存器里，然后用指令 addl 把栈顶加 4，相当于栈向上回退了一个存储单元的位置，也就是栈在收缩。每次执行指令 pushl 栈都在增长，执行指令 popl 栈都在收缩。

call 指令是函数调用，调用一个地址。例如：

```
call 0x12345
```

上述代码实际上做了两个动作，如下两条伪指令，注意，这两个动作并不存在实际对应的指令，我们用"（*）"来特别标记一下，这两个动作是由硬件一次性完成的。出于安全方面的原因，EIP 寄存器不能被直接使用和修改。

```
pushl %eip (*)
movl $0x12345, %eip (*)
```

上述伪指令先是把当前的 EIP 寄存器压栈，把 0x12345 这个立即数放到 EIP 寄存器里，该寄存器是用来告诉 CPU 下一条指令的存储地址的。把当前的 EIP 寄存器的值压栈就是把下一条指令的地址保存起来，然后给 EIP 寄存器又赋了一个新值 0x12345，也就是 CPU 执行的下一条指令就是从 0x12345 位置取得的。

再看与 call 指令对应的指令 ret，ret 指令是函数返回，例如：

```
ret
```

上述代码实际上做了一个动作，如下一条伪指令，注意，这个动作并不存在实际对应的指令，我们用"（*）"来特别标记一下，这个动作是由硬件一次性完成的。出于安全方面的原因，EIP 寄存器不能被直接使用和修改。

```
popl %eip(*)
```

也就是把当前堆栈栈顶的一个存储单元（一般是由 call 指令压栈的内容）放到 EIP 寄存器里。

上述 pushl/popl 和 call/ret 汇编指令对应执行的动作汇总如图 1-6 所示。

范例指令	对应的指令动作
pushl %eax	subl $4, %esp movl %eax, (%esp)
popl %eax	movl (%esp), %eax addl $4, %esp
call 0x12345	pushl %eip (*) movl $0x12345, %eip (*)
ret	popl %eip (*)

图1-6 pushl/popl和call/ret汇编指令

总结一下，call 指令对应了 C 语言里我们调用一个函数，也就是 call 一个函数的起始地址。ret 指令是把调用函数时压栈的 EIP 寄存器的值（即 call 指令的下一条指令的地址）还原到 EIP 寄存器里，ret 指令之后的下一条指令也就回到函数调用位置的下一条指令。换句话说就是函数调用结束了，继续执行函数调用之后的下一条指令，这和 C 语言中的函数调用过程是严格对应的。但是需要注意的是，带个 "（*）" 的指令表示这些指令都是不能被程序员直接使用的，是伪指令。因为 EIP 寄存器不能被程序员直接修改，只能通过专用指令（如 call、ret 和 jmp 等）间接修改。若程序员可以直接修改 EIP 寄存器，那么会有严重的安全隐患。读者可以思考一下为什么？我们就不展开讨论了。

1.2.4　汇编代码范例解析

我们已经对指令和寄存器有了大致的了解，下面做一个练习来验证我们的理解。在堆栈为空栈的情况下，执行如下汇编代码片段之后，堆栈和寄存器都发生了哪些变化？

```
1    push    $8
2    movl    %esp, %ebp
3    subl    $4, %esp
4    movl    $8, (%esp)
```

我们分析这段汇编代码每一步都做了什么动作。首先在堆栈为空栈的情况下，EBP 和 ESP 寄存器都指向栈底。

第 1 行语句是将立即数 8 压栈（即先把 ESP 寄存器的值减 4，然后把立即数 8 放入当前堆栈栈顶位置）。

第 2 行语句是把 ESP 寄存器的值放到 EBP 寄存器里，就是把 ESP 寄存器存储的内容放到 EBP 寄存器中，把 EBP 寄存器也指向当前 ESP 寄存器所指向的位置。换句话说，在堆栈中又新建了一个逻辑上的空栈，这一点理解起来并不容易，读者暂时理解不了也没有关系。本书后面会将 C 语言程序汇编成汇编代码来分析函数调用是如何实现的，其中会涉及函数调用堆栈框架。

第 3 行语句中的指令是 subl，是把 ESP 寄存器存储的数值减 4，也就是说，栈顶指针 ESP 寄存器向下移了一个存储单元（4 个字节）。

最后一行语句是把立即数 8 放到 ESP 寄存器所指向的内存地址，也就是把立即数 8 通过间接寻址放到堆栈栈顶。

本例是关于栈和寄存器的一些操作的，我们可以对照上述文字说明一步一步跟踪堆栈和寄存器的变化过程，以便更加准确地理解指令的作用。

再来看一段汇编代码，同样在堆栈为空栈的情况下，执行如下汇编代码片段之后，堆栈和寄存器都发生了哪些变化？

```
1  pushl   $8
2  movl    %esp, %ebp
3  pushl   $8
```

同样我们也分析一下这段汇编代码每一步都做了什么动作。首先在堆栈为空栈的情况下 EBP 和 ESP 寄存器都指向栈底。

第 1 行语句是将立即数 8 压栈，即堆栈多了一个存储单元并存了一个立即数 8，同时也改变了 ESP 寄存器。

第 2 行语句把 ESP 寄存器的值放到 EBP 寄存器里，堆栈空间没有变化，但 EBP 寄存器发生了变化。

第 3 行语句将立即数 8 压栈，即堆栈多了一个存储单元并存了一个立即数 8。

读者会发现，这个例子和上一个例子的实际效果是完全一样的。

小试牛刀之后，再看下面这段更加复杂一点的汇编代码：

```
1  pushl   $8
2  movl    %esp, %ebp
3  pushl   %esp
4  pushl   $8
5  addl    $4, %esp
6  popl    %esp
```

这段汇编代码同样首先在堆栈为空栈的情况下 EBP 和 ESP 寄存器都指向栈底。

第 1 行语句是将立即数 8 压栈，即堆栈多了一个存储单元并保存立即数 8，同时也改变了 ESP 寄存器。

第 2 行语句是把 ESP 寄存器的值放到 EBP 寄存器里，堆栈空间没有变化，但 EBP 寄存器发生了变化。

第 3 行语句是把 ESP 寄存器的内容压栈到堆栈栈顶的存储单元里。需要注意的是，pushl 指令本身会改变 ESP 寄存器。"pushl %esp"语句相当于如下两条指令：

```
subl $4, %esp
movl %esp, (%esp)
```

显然，在保存 ESP 寄存器的值到堆栈中之前改变了 ESP 寄存器，保存到栈顶的数据应该是当前 ESP 寄存器的值减 4。ESP 寄存器的值发生了变化，同时栈空间多了一个存储单元保存变化后的 ESP 寄存器的值。

第 4 行语句是将立即数 8 压栈，即堆栈多了一个存储单元保存立即数 8，同时也改变了 ESP 寄存器。

第 5 行语句是把 ESP 寄存器的值加 4，这相当于堆栈空间收缩了一个存储单元。

最后一条语句相当于如下两条指令：

```
movl (%esp), %esp
addl $4, %esp
```

也就是把当前栈顶的数据放到 ESP 寄存器中，然后又将 ESP 寄存器加 4。这一段代码比较复杂，因为 ESP 寄存器既作为操作数，又被 pushl/popl 指令在执行过程中使用和修改。读者需要仔细分析和思考这段汇编代码以理解整个执行过程，本书后续内容会结合 C 代码的函数调用和函数返回，来进一步理解这段汇编代码中涉及的建立一个函数调用堆栈和拆除一个函数调用堆栈。

1.3　汇编一个简单的 C 语言程序并分析其汇编指令执行过程

有了前面的汇编基础之后，下面可以利用学到的知识在计算机上实际演练一下了。C 语言程序在计算机上是怎样工作的呢？可以通过汇编 C 语言程序代码，并分析汇编代码来理解程序的执行过程。

本书涉及的 Linux 内核实验环境搭建比较复杂，为了简化读者自行搭建实验环境的工作，我们选用了实验楼 shiyanlou.com（见二维码 4）给我们提供的基于 Web 访问方式的 64 位虚拟机环境，并且我们已经在虚拟机中配置好了 Linux 内核相关的实验环境，这样可以大大减轻读者完成本书相关实验的负荷，以期达到轻松写一个操作系统内核的效果。当然由于网络环境的不稳定，个别读者可能在使用实验楼提供的实验环境时体验不佳，这时读者也可以用自己的 Linux 环境自行搭建 Linux 内核

二维码4

实验环境，本书及配套资料也提供了相应的配置说明。在此说明，不同的 CPU 和 Linux 发行版本的命令可能略微有些差异，所需的依赖环境可能需要自行安装，所以自行搭建 Linux 内核实验环境也许会遇到意想不到问题，如果读者还不具备自行解决相关问题的能力和信心，那么建议进入本书配套的 Linux 内核实验环境进行实验。Linux 内核实验环境请访问链接（见二维码 5），打开该链接即可看到如图 1-7 所示的 Linux 内核实验环境主页。

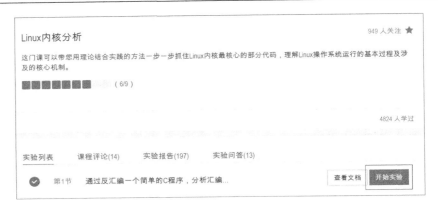

二维码5

图1-7　Linux内核实验环境主页

　　进入"实验楼"的虚拟机后，可以看到左侧有实验指导。打开"Xfce 终端"Shell 控制台程序，输入 ls 命令即可看到目录"LinuxKernel"和"Code"，如图 1-8 所示为"实验楼"的虚拟机。目录"LinuxKernel"是本书配套实验环境相关的资料，目录"Code"按照"实验楼"的使用约定是保存用户编写代码的目录。但请读者特别注意，"实验楼"的虚拟机并不会永久保存用户的代码文件，请读者及时将"Code"目录下载到本地保存。"实验楼"提供了"下载代码"的功能，这样方便将完成的实验代码保存到读者自己的机器上。不过为了更好地进行版本控制，还是建议读者使用 github.com（见二维码 6）提供的 git 版本库及时将代码推送到 GitHub 的服务器上，这样更加方便一些。

二维码6

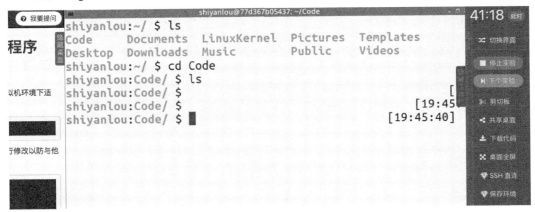

图1-8　"实验楼"的虚拟机

　　接下来就可以根据"实验楼"的虚拟机左侧的实验指导进行本章的实验了。如下所示，我们编写了一个由 3 个函数组成的 C 语言小程序，为了简便，这里的代码没有调用标准库函数。

14

```
int g(int x)
{
        return x + 3;
}

int f(int x)
{
        return g(x);
}

int main(void)
{
        return f(8) + 1;
}
```

　　读者可以将如上代码在"实验楼"的虚拟机手工输入一遍，不过为了提高效率，使用复制/粘贴比较方便。但是"实验楼"的虚拟机环境与本地操作系统环境是两个完全独立的系统，无法直接进行复制/粘贴操作。"实验楼"在这两个独立的系统之间提供了进行复制/粘贴数据传递的方法，我们可以学习一下。

　　如图 1-9 所示为复制左侧实验所需的代码。

图1-9　复制左侧实验所需的代码

单击图 1-10 右侧的"剪切板"。

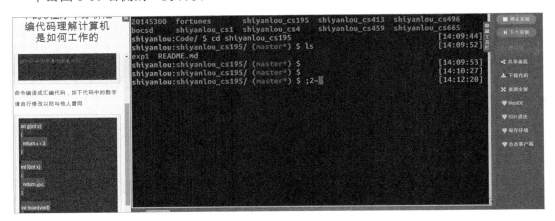

图1-10　单击右侧的"剪切板"

把刚才复制的代码粘贴到剪切板上，并单击"保存"按钮，如图 1-11 所示。

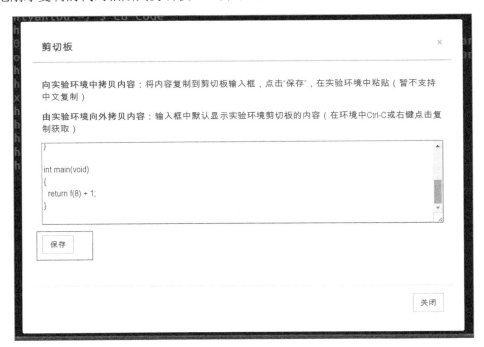

图1-11　保存复制的代码到"实验楼"的虚拟机环境

这样我们就可以在"实验楼"的虚拟机环境下把代码粘贴过来，如图 1-12 所示。需要说明的是，在 Shell 命令行下我们常用的文本编辑器是 VIM，读者只需要在命令行下输入"vi main.c"命令即可打开文本编辑器 VIM 编辑 main.c 文件，按"i"键进入输入状态，即可右击鼠标进行粘贴操作。

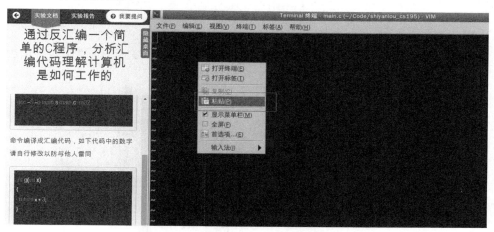

图1-12 在"实验楼"的虚拟机环境下粘贴代码

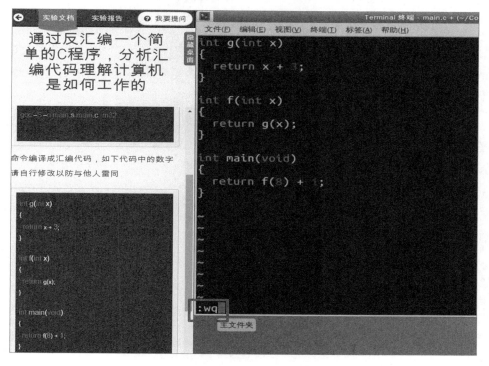

图1-13 将粘贴的代码保存到main.c文件

如图 1-13 所示，粘贴好代码后，在文本编辑器 VIM 中按"Shift"+":"进行文本编辑器的命令模式，输入"wq"（即 write 和 quit 命令）即可将粘贴的代码保存到 main.c 文件。

这时我们就可以编译 main.c 这个代码文件了。直接编译可以使用如下命令：

```
gcc main.c
```

会生成一个目标文件 a.out，它是可以执行的，但执行效果没有任何输出信息。可以通过如下命令查看一下这个程序的返回值，如图 1-14 所示。

```
echo $?
```

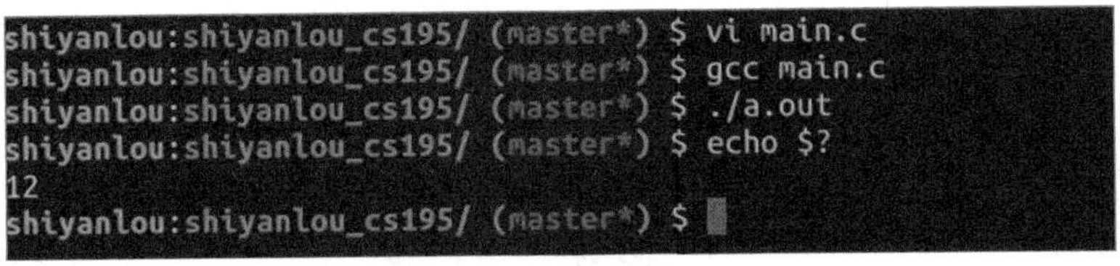

图1-14　编译、执行和查看程序返回值

如果想把 main.c 编译成一个汇编代码，那么可以使用如下命令：

```
gcc -S -o main.s main.c -m32
```

上述命令产生一个以".s"作为扩展名的汇编代码文件 main.s。需要注意的是，"实验楼"环境是 64 位的，32 位和 64 位汇编程序会有些差异。本书以 32 位 x86 为例，上述 gcc 命令中的"-m32"选项即用来产生 32 位汇编代码。

这时打开 main.s，会发现这个文件是 main.c 生成的，但 main.s 汇编文件还有一些".cfi_"打头的字符串以及其他以"."打头的字符串，这些都是编译器在链接阶段所需的辅助信息，如下完整的 main.s 汇编代码读起来会有点让人不知所措。

```
        .file    "main.c"
        .text
        .globl   g
        .type    g, @function
g:
.LFB0:
        .cfi_startproc
        pushl    %ebp
        .cfi_def_cfa_offset 8
        .cfi_offset 5, -8
        movl     %esp, %ebp
        .cfi_def_cfa_register 5
```

```
        movl    8(%ebp), %eax
        addl    $3, %eax
        popl    %ebp
        .cfi_restore 5
        .cfi_def_cfa 4, 4
        ret
        .cfi_endproc
.LFE0:
        .size   g, .-g
        .globl  f
        .type   f, @function
f:
.LFB1:
        .cfi_startproc
        pushl   %ebp
        .cfi_def_cfa_offset 8
        .cfi_offset 5, -8
        movl    %esp, %ebp
        .cfi_def_cfa_register 5
        subl    $4, %esp
        movl    8(%ebp), %eax
        movl    %eax, (%esp)
        call    g
        leave
        .cfi_restore 5
        .cfi_def_cfa 4, 4
        ret
        .cfi_endproc
.LFE1:
        .size   f, .-f
        .globl  main
        .type   main, @function
main:
.LFB2:
        .cfi_startproc
        pushl   %ebp
        .cfi_def_cfa_offset 8
        .cfi_offset 5, -8
        movl    %esp, %ebp
        .cfi_def_cfa_register 5
        subl    $4, %esp
```

```
        movl    $8, (%esp)
        call    f
        addl    $1, %eax
        leave
        .cfi_restore 5
        .cfi_def_cfa 4, 4
        ret
        .cfi_endproc
.LFE2:
        .size   main, .-main
        .ident  "GCC: (Ubuntu 4.8.4-2ubuntu1~14.04.3) 4.8.4"
        .section    .note.GNU-stack,"",@progbits
```

由于我们的任务是分析汇编代码，因此可以把 main.s 简化一下，所有以 "." 打头的字符串（都是编译器在链接阶段所需辅助信息）不会实际执行，可以都删掉。在 VIM 中，通过 "g\.s*/d" 命令即可删除所有以 "." 打头的字符串，就获得了 "干净" 的汇编代码，这样如下的代码看起来就比较亲切了。

```
g:
        pushl   %ebp
        movl    %esp, %ebp
        movl    8(%ebp), %eax
        addl    $3, %eax
        popl    %ebp
        ret
f:
        pushl   %ebp
        movl    %esp, %ebp
        subl    $4, %esp
        movl    8(%ebp), %eax
        movl    %eax, (%esp)
        call    g
        leave
        ret
main:
        pushl   %ebp
        movl    %esp, %ebp
        subl    $4, %esp
        movl    $8, (%esp)
        call    f
        addl    $1, %eax
```

```
leave
ret
```

接下来分析上述"干净"的汇编代码。可以看到，上述代码对应 3 个函数：main 函数、f 函数和 g 函数。很明显，将 C 语言代码和汇编代码对照起来，可以看到每个函数对应的汇编代码。阅读 C 语言代码时一般是从 main 函数开始读，其实阅读汇编代码也是一样的。C 语言代码中的 main 函数只有一行代码："return f(8) + 1;"。

```c
int main(void)
{
  return f(8) + 1;
}
```

f 函数也只有一条代码："return g(x);"。其中的参数 x 是 8，因此，f(8)返回的是 g(8)。

```c
int f(int x)
{
  return g(x);
}
```

g 函数也只有一条代码："return x+3;"。其中的参数 x 是 8，g(8)返回的是 8+3。那么最终 main 函数返回的是 8+3+1=12。图 1-14 中的 a.out 执行结果的返回值 12 就是这么来的。

C 语言代码比较容易读懂，因为其更接近自然语言，但汇编语言就比较难懂一些，因为其更接近机器语言。机器语言完全是二进制的，理解起来比较困难，汇编代码基本上是机器代码的简单翻译和对照。我们看这么简单的一个 C 语言程序 main.c 在机器上是如何执行的。本章前面大多都介绍过汇编文件 main.s 中的这些汇编指令，读者应该已经知道它们大概的功能和用途了。main.s 中新出现的汇编指令是 leave 指令。enter 和 leave 这对指令可以理解为宏指令了，其中 leave 指令用来撤销函数堆栈，等价于下面两条指令：

```
movl %ebp,%esp
popl %ebp
```

另外，enter 指令用来建立函数堆栈，等价于下面两条指令：

```
pushl %ebp
movl %esp, %ebp
```

enter 指令的作用就是再堆起一个空栈，后面介绍函数调用堆栈时会进行详细介绍。而 leave 指令就是撤销这个堆栈，和 enter 指令的作用正好相反。

讲解完这个陌生的 leave 指令，下面我们可以完整地分析一下 main.s 中的汇编代码了。

EIP 寄存器是指向代码段中的一条条指令，即 main.s 中的汇编指令，从"main:"开始，它会自加一，调用 call 指令时它会修改 EIP 寄存器。EBP 寄存器和 ESP 寄存器也特别重要，这两个寄存器总是指向一个堆栈，EBP 指向栈底，而 ESP 指向栈顶。注意，栈底是一个相对的栈底，每个函数都有自己的函数堆栈和基地址。另外，EAX 寄存器用于暂存一些数值，函数的返回值默认使用 EAX 寄存器存储并返回给上一级调用函数。

下面来具体分析删除所有以"."打头的字符串之后的 main.s 中的汇编代码。最初程序从 main 函数开始执行，即 EIP 寄存器指向"main:"下面的第一条汇编指令。为了简化，使用如下汇编代码的行号作为 EIP 寄存器的值，来表示 EIP 寄存器指向行号对应汇编指令。

```
1   g:
2       pushl   %ebp
3       movl    %esp, %ebp
4       movl    8(%ebp), %eax
5       addl    $3, %eax
6       popl    %ebp
7       ret
8   f:
9       pushl   %ebp
10      movl    %esp, %ebp
11      subl    $4, %esp
12      movl    8(%ebp), %eax
13      movl    %eax, (%esp)
14      call    g
15      leave
16      ret
17  main:
18      pushl   %ebp
19      movl    %esp, %ebp
20      subl    $4, %esp
21      movl    $8, (%esp)
22      call    f
23      addl    $1, %eax
24      leave
25      ret
```

代码在执行过程中，堆栈空间和相应的 EBP/ESP 寄存器会不断变化。首先假定堆栈为空栈的情况下 EBP 和 ESP 寄存器都指向栈底，为了简化起见，我们为栈空间的存储单元进行标号，压栈时标号加 1，出栈时标号减 1，这样更清晰一点。需要注意的是，x86 体系结构栈地址是向下增长的（地址减小），但这里只是为了便于知道堆栈存储单元的个数大小，栈空间的存储单元标号是逐渐增大的。如图 1-15 所示，右侧的数字表示内存地址，EBP 和 ESP 寄存器都指向栈底，即指向一个 4 字节存储单元的下边缘 2000 的位置，指 2000～2003 这 4 个字节，也就是标号为 0 的存储单元，依此类推，标号 1 的存储单元为 1996～1999 这 4 个字节。

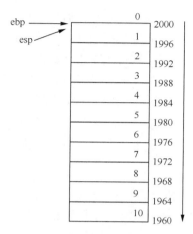

图1-15　堆栈空间示意图

程序从 main 函数开始执行，即上述代码的第 18 行，也就是"main:"下面的第一条汇编指令"pushl %ebp"，这是开始执行的第一条指令，这条指令的作用实际上就是把 EBP 寄存器的值（可以理解为标号 0，实际上是图 1-15 中的地址 2000）压栈，pushl 指令的功能是先把 ESP 寄存器指向标号 1 的位置，即标号加 1 或地址减 4（向下移动 4 个字节），然后将 EBP 寄存器的值标号 0（地址 2000）放到堆栈标号 1 的位置。

开始执行上一条指令时，EIP 寄存器已经自动加 1 指向了上述代码第 19 行语句"movl %esp,%ebp"，是将 EBP 寄存器也指向标号 1 的位置，这条语句只修改了 EBP 寄存器，栈空间的内容并没有变化。第 18 行和第 19 行语句是建立 main 函数自己的函数调用堆栈空间。

开始执行上一条指令时，EIP 寄存器已经自动加 1 指向了上述代码的第 20 行"subl $4, %esp"，把 ESP 寄存器减 4，实际上是 ESP 寄存器向下移动一个标号，指向标号 2 的位置。这条语句只修改了 ESP 寄存器，栈空间的内容并没有变化。

开始执行上一条指令时，EIP 寄存器已经自动加 1 指向了上述代码的第 21 行"movl $8, (%esp)"，把立即数 8 放入 ESP 寄存器指向的标号 2 位置，也就是第 20 行代码预留出来的标号 2 的位置。这条语句的 EBP 和 ESP 寄存器没有变化，栈空间发生了变化。第 20 和 21 行语句是在为接下来调用 f 函数做准备，即压栈 f 函数所需的参数。

开始执行上一条指令时：EIP 寄存器已经自动加 1 指向了上述代码的第 22 行指令"call f"，call 指令我们仔细分析过，第 22 行指令相当于如下两条伪指令：

```
pushl %eip(*)
movl f %eip(*)
```

第 22 行语句"call f"开始执行时，EIP 寄存器已经自加 1 指向了下一条指令，即上述代码的第 23 行语句，实际上把 EIP 寄存器的值（行号为 23 的指令地址，我们用行号 23 表示）放到了栈空间标号 3 的位置。因为压栈前 ESP 寄存器的值是标号 2，压栈时 ESP 寄存器先减 4 个字节，即指向下一个位置标号 3，然后将 EIP 寄存器的行号 23 入栈到栈空间标号 3 的位置。接着将 f 函数的第一条指令的行号 9 放入 EIP 寄存器，这样 EIP 寄存器指向了 f 函数。这条语句既改变了栈空间，又改变了 ESP 寄存器，更重要的是它改变了 EIP 寄存器。读者会发现原来 EIP 寄存器自加 1 指令是按顺序执行的，现在 EIP 寄存器跳转到了 f 函数的位置。

接着开始执行 f 函数。首先执行第 9 行语句"pushl %ebp"，把 ESP 寄存器的值向下移一位到标号 4，然后把 EBP 寄存器的值标号 1 放到栈空间标号 4 的位置。

第 10 行语句"movl %esp, %ebp"是让 EBP 寄存器也和 ESP 寄存器一样指向栈空间标号 4 的位置。

读者可能会发现，第 9 行和第 10 行语句与第 18 行和第 19 行语句完全相同，而且 g 函数的开头两行也是这两条语句。总结一下：所有函数的头两条指令用于初始化函数自己的函数调用堆栈空间。

第 11 行语句要把 ESP 寄存器减 4，即指向下一个位置栈空间的标号 5，实际上就是为入栈留出一个存储单元的空间。

第 12 行语句通过 EBP 寄存器变址寻址：EBP 寄存器的值加 8，当前 EBP 寄存器指向标号 4 的位置，加 8 即再向上移动两个存储单元加两个标号的位置，实际所指向的位置就是堆栈空间中标号 2 的位置。如上所述，标号 2 的位置存储的是立即数 8，那么这一条语句的作用就是把立即数 8 放到了 EAX 寄存器中。

第 13 行语句是把 EAX 寄存器中存储的立即数 8 放到 ESP 寄存器现在所指的位置，即第 11 行语句预留出来的栈空间标号 5 的位置。第 11～13 行语句等价于"pushl $8"或"pushl 8(%ebp)"，实际上是将函数 f 的参数取出来，主要目的是为调用函数 g 做好参数入栈的准备。

第 14 行语句是"call g"，与上文中调用函数 f 类似，将 ESP 寄存器指向堆栈空间标号

6 的位置，把 EIP 寄存器的内容行号 15 放到堆栈空间标号 6 的位置，然后把 EIP 寄存器指向函数 g 的第一条指令，即上述代码的第 2 行。

接下来执行函数 g，与执行函数 f 或函数 main 的开头完全相同。第 2 行语句就是先把 EBP 寄存器存储的标号 4 压栈，存到堆栈空间标号 7 的位置，此时 ESP 寄存器为堆栈空间标号 7。

接下来的第 3 行语句让 EBP 寄存器也和 ESP 寄存器一样指向当前堆栈栈顶，即堆栈空间标号 7 的位置，这样就为函数 g 建立了一个逻辑上独立的函数调用堆栈空间。

第 4 行语句"movl 8(%ebp), %eax"通过使用 EBP 寄存器变址寻址，EBP 寄存器加 8，也就是在当前 EBP 寄存器指向的栈空间标号 7 的位置基础上向上移动两个存储单元指向标号 5，然后把标号 5 的内容（也就是立即数 8）放到 EAX 寄存器中。实际上，这一步是将函数 g 的参数取出来。

第 5 行语句是把立即数 3 加到 EAX 寄存器里，就是 8+3，EAX 寄存器为 11。

这时 EBP 和 ESP 寄存器都指向标号 7，EAX 寄存器为 11，EIP 寄存器为代码行号 6，函数调用堆栈空间如图 1-16 所示。EBP 或 ESP＋栈空间的标号表示存储的是某个时刻的 EBP 或 ESP 寄存器的值，EIP＋代码行号表示存储的是某个时刻的 EIP 寄存器的值。

	0	2000
EBP 0	1	1996
$8	2	1992
EIP 23	3	1988
EBP 1	4	1984
$8	5	1980
EIP 15	6	1976
EBP 4	7	1972
	8	1968
	9	1964
	10	1960

图1-16　执行到第5行代码时函数调用堆栈空间示意图

第 6 行和第 7 行语句的作用是拆除 g 函数调用堆栈，并返回到调用函数 g 的位置。第 6 行语句"popl %ebp"实际上就是把标号 7 的内容（也就是标号 4）放回 EBP 寄存器，也就是恢复函数 f 的函数调用堆栈基址 EBP 寄存器，效果是 EBP 寄存器又指向原来标号 4 的位置，同时 ESP 寄存器也要加 4 个字节指向标号 6 的位置。

第 7 行语句"ret"实际上就是"popl %eip"，把 ESP 寄存器所指向的栈空间存储单元标号 6 的内容（行号 15 即代码第 15 行的地址）放到 EIP 寄存器中，同时 ESP 寄存器加 4 个字节指向标号 5 的位置，也就是现在 EIP 寄存器指向代码第 15 行的位置。

这时开始执行第 15 行语句"leave"，如上所述，leave 指令用来撤销函数堆栈，等价于下面两条指令：

```
movl %ebp,%esp
popl %ebp
```

结果是把 EBP 寄存器的内容标号 4 放到了 ESP 寄存器中，也就是 ESP 寄存器也指向标号 4。然后，"popl %ebp"语句把标号 4 的内容（也就是标号 1）放回 EBP 寄存器，实际上是把 EBP 寄存器指向标号 1 的位置，同时 ESP 寄存器加 4 个字节指向标号 3 的位置。

第 16 行语句"ret"是把 ESP 寄存器所指向的标号 3 的位置的内容（行号 23 即代码第 23 行指令的地址）放到 EIP 寄存器中，同时 ESP 寄存器加 4 个字节指向标号 2 的位置，也就是现在 EIP 指向第 23 行的位置。

第 23 行语句"addl \$1, %eax"是把 EAX 寄存器加立即数 1，也就是 11+1，此时 EAX 寄存器的值为 12。EAX 寄存器是默认存储函数返回值的寄存器。

第 24 行语句"leave"撤销函数 main 的堆栈，把 EBP 和 ESP 寄存器都指向栈空间标号 1 的位置，同时把栈空间标号 1 存储的内容标号 0 放到 EBP 寄存器，EBP 寄存器就指向了标号 0 的位置，同时 esp 加 4 个字节，也指向标号 0 的位置。

这时堆栈空间回到了 main 函数开始执行之初的状态，EBP 和 ESP 寄存器也都恢复到开始执行之初的状态指向标号 0。这样通过函数调用堆栈框架暂存函数的上下文状态信息，整个程序的执行过程变成了一个指令流，从 CPU 中"流"了一遍，最终栈空间又恢复到空栈状态。

1.4　单元测试题

1. 假定当前是 32 位 x86 机器，EBP 寄存器的值为 12（内存地址），ESP 寄存器的值为 8（内存地址），执行完如下代码后 ESP 寄存器的值是（　　　）。

```
pushl %ebp
```

2. 假定当前是 32 位 x86 机器，EAX 寄存器的值为 1234，EBX 寄存器的值为 4321，执行完如下代码后 EAX 的值是（   ）。

```
movl %eax, %ebx
```

3. 寻址方式是直接寻址的指令是（   ）。

A. movl %eax, %edx

B. movw $0x123, %ax

C. movb 0x12, %ah

D. movl (%ebx), %edx

4. 在 32 位 x86 CPU 中，我们使用 pushl 和 popl 指令实现入栈和出栈，popl 指令可以使得 ESP 寄存器的值增加（   ）个字节。

5. 在 32 位 x86 CPU 中，CS:EIP 指向要执行的指令地址，所以想执行 0x123 处的代码，我们是否可以通过 "movl $0x123, %eip" 指令来跳转到 0x123 处的代码？请回答可以或不可以（   ）。

6. 冯·诺依曼体系结构的核心思想是存储程序计算机？请回答是或否（   ）。

7. 与下面两条指令等价的一条指令是（   ）。

```
pushl %ebp
movl %esp, %ebp
```

A. popl   B. ret   C. leave   D. enter

8. 假定当前是 32 位 x86 机器，函数的返回值默认使用哪个寄存器来返回给上级函数？

1.5 实验

参照第 1.3 节，将如下 C 语言代码汇编成 ".s" 文件，并分析 ".s" 文件中的汇编代码的执行过程，其中重点关注 EBP/ESP 寄存器、EAX 寄存器、EIP 寄存器和函数调用堆栈空间在汇编代码的执行过程是如何变化的。

```
int g(int x)
{
  return x + 3;
}

int f(int x)
{
```

```
  return g(x);
}

int main(void)
{
  return f(8)  + 1;
}
```

　　使用如下命令汇编上述 C 语言代码（以下命令适用于实验楼 64 位 Linux 虚拟机环境）：

```
gcc -S -o main.s main.c -m32
```

第 **2** 章

操作系统是如何工作的

在上一章计算机的工作模型以及汇编语言的基础上，我们可以进一步理解操作系统的核心工作机制。本章的目标是在 mykernel 的基础上编写一个简单的内核，在此之前进一步分析了函数调用堆栈机制，以及 C 语言中内嵌汇编的写法。

2.1 函数调用堆栈

前面分析了存储程序计算机的内容，也就是冯·诺依曼体系结构。通过对 x86 汇编的简要介绍，读者有了在 Linux 下汇编的基础，然后分析了一个实际的小程序，看它的汇编代码是怎么工作的，以此来深入理解存储程序计算机，让读者看到代码在执行层面遵守着存储程序计算机的基本逻辑框架。第 1 章的内容和实验实际上已经涉及了计算机里面的 3 个非常重要的基础性概念中的两个：一个是存储程序计算机，它基本上是所有计算机的基础性的逻辑框架；另一个在分析程序和学习汇编指令时也涉及了，就是堆栈。

堆栈是计算机中一个非常基础性的内容，然而堆栈不是一开始就有的，在最早的时候，计算机没有高级语言，没有 C 语言，只有机器语言和汇编语言。这时堆栈可能并不是太重要，用汇编写代码时可以跳转语句到代码的前面形成一个循环。有了函数的概念，也就是有了高级语言之后，函数调用的实现机制就成为一个关键问题，必须要借助堆栈机制，可以说堆栈是高级语言可以实现的基础机制。

除了存储程序计算机和函数调用堆栈机制，还有一个非常基础性的概念就是中断，这 3 个关键性的方法机制可以叫作计算机的 3 个法宝。

前面内容讲到了 3 个法宝中的两个，第一个是存储程序计算机，第二个是函数调用堆栈。接下来需要仔细分析函数调用堆栈，因为函数调用堆栈是比较基础性的概念，对读者理解操作系统的一些关键代码非常重要，然后简单介绍中断的机制。

　　首先来看堆栈，堆栈是 C 语言程序运行时必须使用的记录函数调用路径和参数存储的空间，堆栈具体的作用有：记录函数调用框架、传递函数参数、保存返回值的地址、提供函数内部局部变量的存储空间等。

　　C 语言编译器对堆栈的使用有一套规则，当然不同的编译器对堆栈的使用规则会有一些差异，但总体上大同小异。了解堆栈存在的目的和编译器对堆栈使用的规则是读者理解操作系统一些关键性代码的基础。前面已经涉及堆栈的部分内容，这里再具体研究一下堆栈相关的内容。

1．堆栈相关的寄存器

❑　ESP：堆栈指针（stack pointer）。

❑　EBP：基址指针（base pointer），在 C 语言中用作记录当前函数调用基址。

对于 x86 体系结构来讲，堆栈空间是从高地址向低地址增长的，如图 2-1 所示。

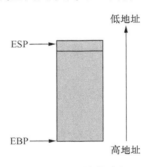

图2-1　x86堆栈空间

2．堆栈操作

❑　push：栈顶地址减少 4 个字节（32 位），并将操作数放入栈顶存储单元。

❑　pop：栈顶地址增加 4 个字节（32 位），并将栈顶存储单元的内容放入操作数。

　　之前也介绍过堆栈相关的寄存器，主要就是 ESP 栈顶指针寄存器和 EBP 基址指针寄存器，堆栈主要的操作是 push 和 pop。对于 x86 体系结构来讲，栈是从高地址向低地址增加的。

　　EBP 寄存器在 C 语言中用作记录当前函数调用的基址，如果当前函数调用比较深，每一个函数的 EBP 是不一样的。函数调用堆栈就是由多个逻辑上的栈堆叠起来的框架，利用这样的堆栈框架实现函数的调用和返回。

3．其他关键寄存器

CS:EIP 总是指向下一条的指令地址，这里用到了 CS 寄存器，也就是代码段寄存器和 EIP 总是指向下一条的指令地址。如果程序比较简单，像我们上一章的实验里编译的一个小程序，它只有一个代码段，所有的 EIP 前面的 CS 代码段寄存器的值都是相同的。当然这是一个特例，一般程序都至少会使用到标准库，整个程序会有多个代码段。

- ❏ 顺序执行：总是指向地址连续的下一条指令。

- ❏ 跳转/分支：执行这样的指令时，CS:EIP 的值会根据程序需要被修改。

- ❏ call：将当前 CS:EIP 的值压入栈顶，CS:EIP 指向被调用函数的入口地址。

- ❏ ret：从栈顶弹出原来保存在这里的 CS:EIP 的值，放入 CS:EIP 中。

堆栈是 C 语言程序运行时必需的一个记录函数调用路径和参数存储的空间，堆栈实际上已经在 CPU 内部给我们集成好了功能，是 CPU 指令集的一部分。比如 32 位的 x86 指令集中就有 pushl 和 popl 指令用来做压栈和出栈操作，enter 和 leave 指令更进一步对函数调用堆栈框架的建立和拆除进行封装，帮我们提供了简洁的指令来做函数调用堆栈框架的操作。堆栈里面特别关键的就是函数调用堆栈框架，如图 2-2 所示。

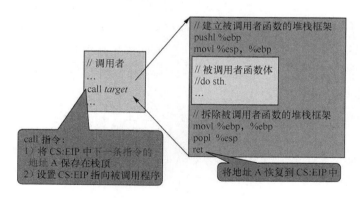

图2-2　函数调用堆栈框架

4．用堆栈来传递函数的参数

对 32 位的 x86 CPU 来讲，通过堆栈来传递参数的方法是从右到左依次压栈，64 位机器在传递参数的方式上可能会稍有不同，这里不仔细研究它们之间的差异，下面以 32 位的 x86 CPU 为例。

5．函数是如何传递返回值的

这里涉及保存返回值和返回地址的方式，保存返回值，就是程序用 EAX 寄存器来保存返回值。如果有多个返回值，EAX 寄存器返回的是一个内存地址，这个内存地址里面可以指向很多的返回数据，EAX 寄存器可以保存返回地址。

函数还可以通过参数来传递返回值，如果参数是一个指针且该指针指向的内存空间是可以写的，那么函数体的代码可以把需要返回的数据写入该内存空间。这样调用函数的代码在函数执行结束后，就可以通过该指针参数来访问这些函数返回的数据。

6．堆栈还提供局部变量的空间

函数体内的局部变量是通过堆栈来存储的，目前的编译器一般在函数开始执行时预留出足够的栈空间用来保存函数体内所有的局部变量，但早期的编译器并没有智能地预留空间，而是要求程序员必须将局部变量的声明全部写在函数体的头部。

7．编译器使用堆栈的规则

C 语言编译器对堆栈有一套使用规则，而且不同版本的编译器规则还有所不同。比如在做试验时，在读者的平台上，你可能用 GCC 把汇编出来的代码换到另外一台机器上，汇编一个相同的 C 程序，汇编出来代码可能会有一些不同，这可能是因为编译器的版本不同。如果两台机器的处理器指令集不同，汇编出来的汇编代码也会有所不同，这个需要读者了解。因为不同的汇编指令序列可以实现完全相同的功能，有时用这个指令能实现这个功能，用那个指令也能实现这个功能。总之汇编出来的代码可能会有一些细微的差异，需要读者清楚产生差异的原因。了解堆栈存在的目的和编译器对堆栈使用的规则，是理解操作系统一些关键性代码的基础。

2.2 借助 Linux 内核部分源代码模拟存储程序计算机工作模型及时钟中断

在开始动手实践前，我们还需要了解 C 代码中内嵌汇编的写法。

2.2.1 内嵌汇编

内嵌汇编语法如下：

```
__asm__ __volatile__ (
                      汇编语句模板:
                      输出部分:
                      输入部分:
                      破坏描述部分
```

```
                             );
```

下面通过一个简单的例子来熟悉内嵌汇编的语法规则。

```
#include <stdio.h>

int   main()
{
        /* val1+val2=val3 */
        unsigned int val1 = 1;
        unsigned int val2 = 2;
        unsigned int val3 = 0;
        printf("val1:%d,val2:%d,val3:%d\n",val1,val2,val3);
        asm volatile(
        "movl $0,%%eax\n\t"       /* clear %eax to 0*/
        "addl %1,%%eax\n\t"       /* %eax += val1 */
        "addl %2,%%eax\n\t"       /* %eax += val2 */
        "movl %%eax,%0\n\t"       /* val2 = %eax*/
        : "=m" (val3)       /* output =m mean only write output memory variable*/
        : "c" (val1),"d" (val2)     /* input c or d mean %ecx/%edx*/
        );
        printf("val1:%d+val2:%d=val3:%d\n",val1,val2,val3);

        return 0;
}
```

这个例子是用汇编代码实现 val3 = val1 + val2 的功能，我们具体来看其中涉及的语法规则。

__asm__ 是 GCC 关键字 asm 的宏定义，是内嵌汇编的关键字，表示这是一条内嵌汇编语句。__asm__ 和 asm 可以互相替换使用：

```
#define __asm__ asm
```

__volatile__ 是 GCC 关键字 volatile 的宏定义，告诉编译器不要优化代码，汇编指令保留原样。__volatile__ 和 volatile 可以互相替换使用：

```
#define __volatile__ volatile
```

内嵌汇编关键词 asm volatile 的括号内部第一部分是汇编代码，这里的汇编代码和之前学习的汇编代码有一点点差异，体现在%转义符号。寄存器前面会多一个%的转义符号，有两个%；而%加一个数字则表示第二部分输出、第三部分输入以及第四部分破坏描述（没有破坏则可省略）的编号。

上述内嵌汇编范例中定义了 3 个变量 val1、val2 和 val3，希望求解 val3 = val1 + val2；内嵌式汇编代码就是 asm volatile 后面的一段汇编代码，下面来具体分析。

第 1 行语句"movl $0,%%eax"是把 EAX 清 0。

第 2 行语句"addl %1，%%eax"，%1 是指下面的输出和输入的部分，第一个输出编号为%0，第二个编号为%1，第三个就是%2。%1 是指 val1，前面有一个"c"，是指用 ECX 寄存器存储 val1 的值，这样编译器在编译时就自动把 val1 的值放到 ECX 里面。%1 实际上就是把 ECX 的值与 EAX 寄存器求和然后放到 EAX 寄存器中，本例中由于 EAX 为 0，所以结果是 ECX 的值放入了 EAX 寄存器。

第 3 行语句"addl %2，%%eax"，%2 是指 val2 存在 EDX 寄存器中，就是把 val1 的值加上 val2 的值再放到 EAX 里。

最后一条指令"movl %%eax，%0"是把 val1 加上 val2 的值存储的地方放到%0，%0 就是 val3，我们这里用=m 修饰，它的意思就是写到内存变量里面去，m 就是内存 memory，不是使用寄存器了，这条指令是直接把变量放到内存 val3 里面。

至此，这段代码就实现了 val3 = val1 + val2 的功能。

简单总结一下，如果把内嵌汇编当作一个函数，则第二部分输出和第三部分输入相当于函数的参数和返回值，而第一部分的汇编代码则相当于函数内部的具体代码。

2.2.2　虚拟一个 x86 的 CPU 硬件平台

上一章内容用了相当多的篇幅来介绍 x86 的汇编，又仔细分析了函数调用堆栈和内嵌汇编的写法，这是读者理解计算机的基础，接下来要做一个有趣的实验。一个操作系统那么复杂，它的本质上是怎么工作的？"天下大事必作于细，天下难事必作于易"。下面我们来还原整个系统，首先搭建一个虚拟的平台，虚拟一个 x86 的 CPU，然后使用 Linux 的源代码把 CPU 初始化配置好，并配置好整个系统，开始执行编写的程序。

前文讲的计算机的 3 个法宝只有中断没有介绍过了，为了便于理解实验内容，这里简要介绍中断的概念。有了中断才有了多道程序，在没有中断的机制之前，计算机只能一个程序一个程序地执行，也就是批处理，而无法多个程序并发工作。有了中断机制的 CPU 帮我们做了一件事情，就是当一个中断信号发生时，CPU 把当前正在执行的程序的 CS:EIP 寄存器和 ESP 寄存器等都压到了一个叫内核堆栈的地方，然后把 CS:EIP 指向一个中断处理程序的入口，做保存现场的工作，之后执行其他程序，等重新回来时再恢复现场，恢复 CS:EIP 寄存器和 ESP 寄存器等，继续执行程序。

　　实验中模拟了时钟中断，每隔一段时间，发生一次时钟中断，这样我们就有基础写一个时间片轮转调度的操作系统内核，这也是后面的实验目标。下面来具体看看如何虚拟一个 x86 的 CPU。

　　先来看如何把这个虚拟的 x86 CPU 实验平台搭建起来。

```
sudo apt-get install qemu # install QEMU
sudo ln -s /usr/bin/qemu-system-i386 /usr/bin/qemu
wget https://www.kernel.org/pub/linux/kernel/v3.x/linux-3.9.4.tar.xz #
```

　　下载 linux-3.9.4.tar.xz，链接见二维码 7。

```
wget https://raw.github.com/mengning/mykernel/master/mykernel_for_linux3.9.4sc.pat
ch # download mykernel_for_linux3.9.4sc.patch，链接见二维码8
xz -d linux-3.9.4.tar.xz
tar -xvf linux-3.9.4.tar
cd linux-3.9.4
patch -p1 < ../mykernel_for_linux3.9.4sc.patch
make allnoconfig
make
qemu -kernel arch/x86/boot/bzImage
```

　　搭建起来后的内核启动效果如图 2-3 所示。

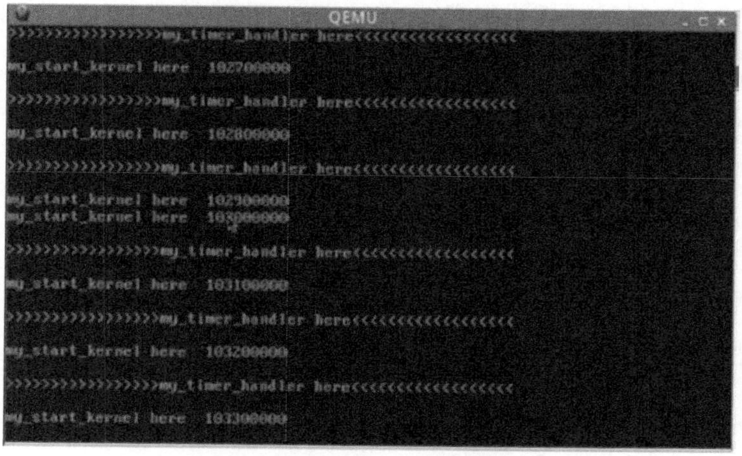

图2-3　内核启动效果

　　在 Linux-3.9.4 内核源代码根目录下进入 mykernel 目录，可以看到 QEMU 窗口输出的内容的代码 mymain.c 和 myinterrupt.c，当前有一个虚拟的 CPU 执行 C 代码的上下文环境，可以看到 mymain.c 中的代码在不停地执行。同时有一个中断处理程序的上下文环境，周期性地产生的时钟中断信号，能够触发 myinterrupt.c 中的代码。这样就模拟一个带有时钟中断的 x86 CPU，并初始化好了系统环境。读者只要在 mymain.c 的基础上继续写进程描述 PCB 和进程链表管理等代码，在 myinterrupt.c 的基础上完成进程切换代码，就可以完成一个可运行的小 OS kernel。

2.3　在 mykernel 基础上构造一个简单的操作系统内核

庖丁解牛，一开始"所见无非牛者"，是因为对于牛体的结构还不了解，因此无非看见的只是整头的牛。到"三年之后，未尝见全牛也"，因为脑海里浮现的已经是牛的内部肌理筋骨了。之所以有了这种质的变化，一定是因为先见全牛，然后进一步深入其中，详细了解牛的内部结构。我们需要一个"全牛"，才能进一步细致地解析它，那就让我们把整个系统还原一下，看看全牛是什么样的。

在 mykernel 虚拟的 x86 CPU 基础上实现一个简单的操作系统内核只需要写两三百行代码，尽管代码量看起来并不大，但是对很多人来说还是很有挑战的，这里给出一份代码范例供读者参考。

2.3.1　代码范例

为了方便查看，特在文件中进行注释，以加深读者的理解。

增加一个 mypcb.h 头文件，用来定义进程控制块（Process Control Block），也就是进程结构体的定义，在 Linux 内核中是 struct tast_struct 结构体。

```
/*
 *  linux/mykernel/mypcb.h
 *
 *  Kernel internal PCB types
 *
 *  Copyright (C) 2013  Mengning
 *
 */

#define MAX_TASK_NUM        4
#define KERNEL_STACK_SIZE   1024*8

/* CPU-specific state of this task */
struct Thread {
```

```
    unsigned long        ip;
    unsigned long        sp;
};

typedef struct PCB{
    int pid;
    volatile long state;      /* -1 unrunnable, 0 runnable, >0 stopped */
    char stack[KERNEL_STACK_SIZE];
    /* CPU-specific state of this task */
    struct Thread thread;
    unsigned long    task_entry;
    struct PCB *next;
}tPCB;

void my_schedule(void);
```

对 mymain.c 进行修改，这里是 mykernel 内核代码的入口，负责初始化内核的各个组成部分。在 Linux 内核源代码中，实际的内核入口是 init/main.c 中的 start_kernel(void)函数。

```
/*
 *  linux/mykernel/mymain.c
 *
 *  Kernel internal my_start_kernel
 *
 *  Copyright (C) 2013  Mengning
 *
 */
#include <linux/types.h>
#include <linux/string.h>
#include <linux/ctype.h>
#include <linux/tty.h>
#include <linux/vmalloc.h>


#include "mypcb.h"

tPCB task[MAX_TASK_NUM];
tPCB * my_current_task = NULL;
volatile int my_need_sched = 0;

void my_process(void);
```

```
void __init my_start_kernel(void)
{
    int pid = 0;
    int i;
    /* Initialize process 0*/
    task[pid].pid = pid;
    task[pid].state = 0;/* -1 unrunnable, 0 runnable, >0 stopped */
    task[pid].task_entry = task[pid].thread.ip = (unsigned long)my_process;
    task[pid].thread.sp = (unsigned long)&task[pid].stack[KERNEL_STACK_SIZE-1];
    task[pid].next = &task[pid];
    /*fork more process */
    for(i=1;i<MAX_TASK_NUM;i++)
    {
        memcpy(&task[i],&task[0],sizeof(tPCB));
        task[i].pid = i;
        task[i].state = -1;
        task[i].thread.sp = (unsigned long)&task[i].stack[KERNEL_STACK_SIZE-1];
        task[i].next = task[i-1].next;
        task[i-1].next = &task[i];
    }
    /* start process 0 by task[0] */
    pid = 0;
    my_current_task = &task[pid];
    asm volatile(
        "movl %1,%%esp\n\t"      /* set task[pid].thread.sp to esp */
        "pushl %1\n\t"           /* push ebp */
        "pushl %0\n\t"           /* push task[pid].thread.ip */
        "ret\n\t"                /* pop task[pid].thread.ip to eip */
        "popl %%ebp\n\t"
        :
        : "c" (task[pid].thread.ip),"d" (task[pid].thread.sp)    /* input c or d me
an %ecx/%edx*/
    );
}

void my_process(void)
{
    int i = 0;
    while(1)
    {
```

```
        i++;
        if(i%10000000 == 0)
        {
            printk(KERN_NOTICE "this is process %d -\n",my_current_task->pid);
            if(my_need_sched == 1)
            {
                my_need_sched = 0;
                my_schedule();
            }
            printk(KERN_NOTICE "this is process %d +\n",my_current_task->pid);
        }
    }
}
```

对 myinterrupt.c 进行修改，主要是增加了进程切换的代码 my_schedule(void)函数，在 Linux 内核源代码中对应的是 schedule(void)函数。

```
/*
 *  linux/mykernel/myinterrupt.c
 *
 *  Kernel internal my_timer_handler
 *
 *  Copyright (C) 2013   Mengning
 *
 */
#include <linux/types.h>
#include <linux/string.h>
#include <linux/ctype.h>
#include <linux/tty.h>
#include <linux/vmalloc.h>

#include "mypcb.h"

extern tPCB task[MAX_TASK_NUM];
extern tPCB * my_current_task;
extern volatile int my_need_sched;
volatile int time_count = 0;

/*
 * Called by timer interrupt.
 * it runs in the name of current running process,
 * so it use kernel stack of current running process
```

```
 */
void my_timer_handler(void)
{
#if 1
    if(time_count%1000 == 0 && my_need_sched != 1)
    {
        printk(KERN_NOTICE ">>>my_timer_handler here<<<\n");
        my_need_sched = 1;
    }
    time_count ++ ;
#endif
    return;
}

void my_schedule(void)
{
    tPCB * next;
    tPCB * prev;

    if(my_current_task == NULL
        || my_current_task->next == NULL)
    {
        return;
    }
    printk(KERN_NOTICE ">>>my_schedule<<<\n");
    /* schedule */
    next = my_current_task->next;
    prev = my_current_task;
    if(next->state == 0)/* -1 unrunnable, 0 runnable, >0 stopped */
    {
        /* switch to next process */
        asm volatile(
            "pushl %%ebp\n\t"        /* save ebp */
            "movl %%esp,%0\n\t"      /* save esp */
            "movl %2,%%esp\n\t"      /* restore  esp */
            "movl $1f,%1\n\t"        /* save eip */
            "pushl %3\n\t"
            "ret\n\t"                /* restore  eip */
            "1:\t"                   /* next process start here */
            "popl %%ebp\n\t"
            : "=m" (prev->thread.sp),"=m" (prev->thread.ip)
```

```
            : "m" (next->thread.sp),"m" (next->thread.ip)
        );
        my_current_task = next;
        printk(KERN_NOTICE ">>>switch %d to %d<<<\n",prev->pid,next->pid);
    }
    else
    {

        next->state = 0;
        my_current_task = next;
        printk(KERN_NOTICE ">>>switch %d to %d<<<\n",prev->pid,next->pid);
        /* switch to new process */
        asm volatile(
            "pushl %%ebp\n\t"           /* save ebp */
            "movl %%esp,%0\n\t"         /* save esp */
            "movl %2,%%esp\n\t"         /* restore  esp */
            "movl %2,%%ebp\n\t"         /* restore  ebp */
            "movl $1f,%1\n\t"           /* save eip */
            "pushl %3\n\t"
            "ret\n\t"                   /* restore  eip */
            : "=m" (prev->thread.sp),"=m" (prev->thread.ip)
            : "m" (next->thread.sp),"m" (next->thread.ip)
        );
    }
    return;
}
```

需要说明的是，上述 my_schedule(void)函数的代码与本书配套慕课视频中的代码是一致的。但这份代码写得并不好，if 和 else 两块代码大同小异，重复率很高。在新版本的代码中，我们彻底将两块代码统一起来了，见如下代码。当然初始化的代码也做了一点修改，完整的新版代码见 GitHub 版本库（见二维码 9）。

二维码9

```
void my_schedule(void)
{
    tPCB * next;
    tPCB * prev;

    if(my_current_task == NULL
        || my_current_task->next == NULL)
    {
        return;
```

```
    }
    printk(KERN_NOTICE ">>>my_schedule<<<\n");
    /* schedule */
    next = my_current_task->next;
    prev = my_current_task;
    if(next->state == 0)/* -1 unrunnable, 0 runnable, >0 stopped */
    {
        my_current_task = next;
        printk(KERN_NOTICE ">>>switch %d to %d<<<\n",prev->pid,next->pid);
        /* switch to next process */
        asm volatile(
                "pushl %%ebp\n\t"         /* save ebp */
                "movl %%esp,%0\n\t"       /* save esp */
                "movl %2,%%esp\n\t"       /* restore  esp */
                "movl $1f,%1\n\t"         /* save eip */
                "pushl %3\n\t"
                "ret\n\t"                 /* restore  eip */
                "1:\t"                    /* next process start here */
                "popl %%ebp\n\t"
                : "=m" (prev->thread.sp),"=m" (prev->thread.ip)
                : "m" (next->thread.sp),"m" (next->thread.ip)
        );
    }
    return;
}
```

2.3.2　代码分析

对于以上文件中的数据类型定义等代码在此就不赘述了，唯一重要的进程初始化、切换的几段汇编代码比较难理解，因此这里进行详细分析。

启动执行第一个进程的关键汇编代码。

这里需要注意的是%1是指后面的"`"d"(task[pid].thread.sp)`"，%0是指后面的"`"c"(task[pid].thread.ip)`"，在内嵌汇编的部分有介绍过。

```
asm volatile(
    "movl %1,%%esp\n\t"  /* 将进程原堆栈栈顶的地址（这里是初始化的值）存入ESP寄存器 */
    "pushl %1\n\t"       /* 将当前EBP寄存器值入栈 */
    "pushl %0\n\t"       /* 将当前进程的EIP（这里是初始化的值）入栈 */
    "ret\n\t"            /* ret命令正好可以让入栈的进程EIP保存到EIP寄存器中 */
    "popl %%ebp\n\t"     /* 这里永远不会被执行，只是与前面push指令结对出现，是一种编码习惯 */
```

```
        :
        : "c" (task[pid].thread.ip),"d" (task[pid].thread.sp)
        );
```

第一个进程也就是进程 0 被初始化时，进程 0 的堆栈和相关寄存器的变化过程。

如图 2-4 所示，将 ESP 寄存器指向进程 0 的堆栈栈底，task[pid].thread.sp 初始值即为进程 0 的堆栈栈底。

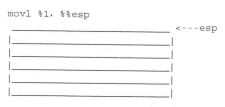

图2-4　将ESP寄存器指向进程0的堆栈栈底

如图 2-5 所示，将当前 EBP 寄存器的值入栈，因为是空栈，所以 ESP 与 EBP 相同。这里简化起见，直接使用进程的堆栈栈顶的值 task[pid].thread.sp，相应的 ESP 寄存器指向的位置也发生了变化。

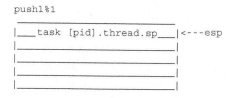

图2-5　将当前EBP寄存器的值入栈

如图 2-6 所示，将当前进程的 EIP（这里是初始化的值 my_process(void)函数的位置）入栈，相应的 ESP 寄存器指向的位置也发生了变化。

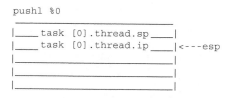

图2-6　将当前进程的EIP入栈

ret 指令将栈顶位置的 task[0].thread.ip，也就是 my_process(void)函数的位置放入 EIP 寄存器中，相应的 ESP 寄存器指向的位置也发生了变化，如图 2-7 所示。

```
ret
 _____
|___ task [0].thread.sp ___|<-----esp
|_____|----->eip = (unsigned long) my_process
|_____|
|_____|
|_____|
```

图2-7　将0号进程的起点地址放入EIP寄存器

接下来进程 0 启动，开始执行 my_process(void)函数的代码。

进程调度代码如下：

```
if(next->state == 0) /* next->state == 0对应进程next对应进程曾经执行过 */
{
    /* 进行进程调度关键代码 */
    asm volatile(
        "pushl %%ebp\n\t"        /* 保存当前EBP到堆栈中，如图2-8所示 */
        "movl %%esp,%0\n\t"      /* 保存当前ESP到当前进程PCB中，如图2-9所示*/
        "movl %2,%%esp\n\t"      /* 将next进程的堆栈栈顶的值存到ESP寄存器，如图2-10和图2-11所示
*/
        "movl $1f,%1\n\t"        /* 保存当前进程的EIP值，下次恢复进程后将在标号1开始执行 */
        "pushl %3\n\t"           /* 将next进程继续执行的代码位置（标号1）压栈，如图2-12所示*/
        "ret\n\t"                /* 出栈标号1到EIP寄存器，如图2-13所示*/
        "1:\t"                   /* 标号1，即next进程开始执行的位置 */
        "popl %%ebp\n\t"         /* 恢复EBP寄存器的值 */
        : "=m" (prev->thread.sp),"=m" (prev->thread.ip)
        : "m" (next->thread.sp),"m" (next->thread.ip)
    );
    my_current_task = next;
    printk(KERN_NOTICE ">>>switch %d to %d<<<\n",prev->pid,next->pid);
}
else   /* next该进程第一次被执行 */
{
    next->state = 0;
    my_current_task = next;
    printk(KERN_NOTICE ">>>switch %d to %d<<<\n",prev->pid,next->pid);
    /* switch to new process */
    asm volatile(
        "pushl %%ebp\n\t"        /* 保存当前进程EBP到堆栈 */
        "movl %%esp,%0\n\t"      /* 保存当前进程ESP到PCB */
        "movl %2,%%esp\n\t"      /* 载入next进程的栈顶地址到ESP寄存器 */
        "movl %2,%%ebp\n\t"      /* 载入next进程的堆栈基地址到EBP寄存器 */
        "movl $1f,%1\n\t"        /* 保存当前EIP寄存器值到PCB，这里$1f是指上面的标号1 */
```

```
        "pushl %3\n\t"              /* 把即将执行的进程的代码入口地址入栈 */
        "ret\n\t"                   /* 出栈进程的代码入口地址到EIP寄存器 */
        : "=m" (prev->thread.sp),"=m" (prev->thread.ip)
        : "m" (next->thread.sp),"m" (next->thread.ip)
    );
}
```

为了简便，假设系统只有两个进程，分别是进程 0 和进程 1。进程 0 由内核启动时初始化执行，然后需要进程调度，开始执行进程 1。那下面从进程 1 被调度开始分析堆栈变化，因为进程 1 从来没有被执行过，是第一次被调度执行，此时执行 else 中的代码。

```
        pushl %%ebp /* 保存进程上下文，将 process 0 的 EBP 寄存器压栈保存起来 */
            _____ process 0 (prev)_____
            |_____ ...... _____|
            |_____ ebp_of_process_0_____|<---esp
            |_____|
            |_____|
            |_____|
            |_____|
```

图2-8　保存当前进程EBP到堆栈

```
movl %%esp, %0 /* 保存进程上下文，将 process 0 的 ESP 寄存器保存到 prev->thread.sp */
```

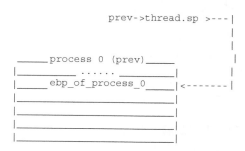

图2-9　保存当前进程ESP到PCB

```
movl %2, %%esp /* next->thread.sp 放入 ESP 寄存器，即将工作堆栈切换到 next 进程 */|
    _____ process 0 (prev)_____                _____ process 1 (next)_____
    |_____ ...... _____|               |_____|<---esp
    |_____ ebp_of_process_0_____|               |_____|
    |_____|               |_____|
    |_____|               |_____|
    |_____|               |_____|
    |_____|               |_____|
```

图2-10　载入next进程的栈顶地址到ESP寄存器

movl %2, %%ebp /* 由于 next 进程是一个新进程，堆栈为空，EBP 寄存器和 ESP 寄存器一样指向栈底 */

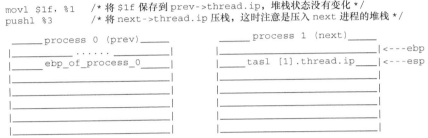

图2-11　载入next进程的堆栈基地址到EBP寄存器

movl $1f, %1 　　/* 将 $1f 保存到 prev->thread.ip，堆栈状态没有变化 */
pushl %3 　　　　/* 将 next->thread.ip 压栈，这时注意是压入 next 进程的堆栈 */

图2-12　把即将执行的进程的代码入口地址入栈

ret 　　/* 将 next 进程堆栈中保存的 next->thread.ip 出栈到 EIP 寄存器 */

```
_____process 0 (prev)_____                _____process 1 (next)_____
|_____ ...... _____|                |_____|<---esp、ebp
|_____ebp_of_process_0_____|                |____task [1].thread.ip_____|--->eip
|_____|                |_____|
|_____|                |_____|
|_____|                |_____|
|_____|                |_____|
|_____|                |_____|
```

图2-13　出栈进程的代码入口地址到EIP寄存器

到这里开始执行进程 1 了，如果进程 1 执行的过程中发生了进程调度，进程 0 重新被调度执行了，应该执行前述 if 中的代码，if 中内嵌汇编代码执行过程中堆栈的变化分析如下。

这时是从进程 1 再切换到进程 0，当前 prev 进程变成了进程 1，而 next 进程变成进程 0。第一句"pushl %%ebp\n\t"保存当前 EBP 到堆栈中，然后第二句保存 ESP 到进程 PCB 中，如图 2-14 和图 2-15 所示。

图 2-16 所示的 next->thread.ip 即为进程 0 上次被调度出去时保存的$1f，同理这里"movl $1f,%1\n\t"即保存$1f 到进程 1 的 thread.ip。下一句 ret 即出栈$1f 到 EIP 寄存器，$1f 的含义为前方的标号 1（forwarding label 1），这时即开始从"1:\t"执行。

```
movl %%esp，%0    /* 将 ESP 寄存器保存到 prev->thread.sp */
```

图2-14 保存当前EBP到堆栈中保存ESP到进程PCB中

```
movl %2，%%esp /* 将 next->thread.sp 放入 ESP 寄存器，即 ESP 寄存器指向了 next 进程的栈顶 */
```

图2-15 恢复next进程堆栈栈顶地址到ESP寄存器中

```
movl $1f, %1     /* 将 $1f 保存到 prev->thread.ip，堆栈状态没有变化 */
pushl %3         /* 将 next->thread.ip 压栈，这时注意是压入 next 进程的堆栈 */
```

图2-16 把next->thread.ip地址入栈

到这里就恢复到了进程 0 的上下文环境继续执行进程 0，如图 2-17 所示。

```
popl %%ebp /* 将 next 进程堆栈中栈顶数据出栈到 EBP 寄存器 */
```

图2-17 恢复EBP寄存器的值

$1f 为前方的标号 1，if 中有标号 1，else 中没有标号 1。很多人会有疑问，else 中的$1f

只是将其存入 prev->thread.ip，并没有使用$1f，但当进程被重新调度执行时，prev-> thread.ip 变成了 next->thread.ip，此时进入了 if 代码块中会 next->thread.ip 压栈，并由 ret 出栈到 EIP 寄存器中，这时才实际使用了$1f，因此将执行 if 代码块中的标号 1 处的代码，所以 else 中没有标号 1 也就不奇怪了。

　　本章内容最重要的是进程的切换，进程在执行过程中，当时间片用完需要进行进程切换时，需要先保存当前的进程执行的上下文环境，下次进程被调度时，需要恢复进程的上下文环境。这样实现多道程序的并发执行。

2.4　单元测试题

1．单选题

计算机工作的 3 个法宝不包含下面哪一项（　　　）。

A．存储程序计算机　　　　B．函数调用堆栈　　　　C．中断机制　　　　D．CPU 指令

2．判断题

（1）在 32 位 x86 计算机中，CS:EIP 总是指向地址连续的下一条指令。　　　　（　　　）

（2）在 Linux 中，可以使用 objdump 工具进行反汇编。　　　　（　　　）

（3）movl 0xc(%ebp), %eax 这条指令的作用等价于 eax = *(int32_t *)(ebp + 12)。　　（　　　）

（4）中断信号产生后，保存现场和恢复现场由 CPU 硬件单独完成。　　　　（　　　）

（5）在 mykernel 实验中，时钟中断处理函数是 void my_timer_handler(void)。　　（　　　）

3．简答题

（1）在 32 位 x86 计算机中，在形成函数调用堆栈时，使用哪个寄存器指向栈底？

（2）在 32 位 x86 的 Linux 系统中，函数调用约定使用__stdcall 方式，调用 f(x,y,z)时，需要把参数压栈，首先压入的参数是 x、y、z 中的哪一个？

2.5　实验

　　运行 mykernel 虚拟的 x86 CPU 环境，完成一个简单的时间片轮转多道程序内核代码，

参考代码见 mykernel 项目（见二维码 9）。

　　使用实验楼的虚拟机打开 shell，执行如下命令即可运行本章范例。注意本章范例有不同的版本，读者可以从 mykernel 项目找相应的版本进行编译执行或分析代码。

```
cd LinuxKernel/linux-3.9.4
qemu -kernel arch/x86/boot/bzImage
```

　　LinuxKernel/linux-3.9.4/mykernel 目录下可以看到 qemu 窗口输出内容的代码 mymain.c 和 myinterrupt.c。

　　使用自己的 Linux 系统环境搭建过程见 GitHub 版本库 mykernel（见二维码 9），其中也有简单的时间片轮转多道程序内核代码，包括本章给出的范例代码。

第**3**章

MenuOS 的构造

前面章节通过讲解 mykernel，读者已经接触了 Linux 内核源代码。本章将进一步介绍 Linux 内核源代码的目录结构，并基于 Linux 内核源代码构造一个简单的操作系统 MenuOS，同时在 MenuOS 启动过程中跟踪分析 Linux 内核的启动过程。

3.1 Linux 内核源代码简介

前两章内容的讲解让读者对计算机系统和操作系统有了一个初步的了解，总结起来就是计算机有"3 大法宝"：

❑ 存储程序计算机；

❑ 函数调用堆栈；

❑ 中断。

操作系统有"两把宝剑"：

❑ 中断上下文；

❑ 进程上下文。

操作系统的两把宝剑：一把是中断上下文的切换——保存现场和恢复现场；另一把是进程上下文的切换。中断和中断上下文切换的相关内容是计算机和操作系统根本性的知识，在后边的章节中会有仔细的分析和研究。总结一下所分析过的内容，不管是"3 大法宝"还是"两把宝剑"，它们都和汇编语言有着密不可分的联系。

从本章开始，将真正接触 Linux 内核的一些源代码。Linux 内核官方网站见二维码 10，截至本书配套慕课课程录制时，内核代码的最新版本是 3.18.6，除 mykernel 基于 3.9.4 外，没有特别说明的情况下，本书的其他内容都基于 3.18.6 版本。读者可以用 cat /proc/version 或 uname-a 命令查看当前系统的 Linux 内核版本。

有关内核版本号的问题可以参考官网介绍，摘录翻译如下。

二维码10

1991 年至今，Linux 内核一直在进行持续的更新。从最初的 0.01 版本到 1994 年的 1.0 版本之间，对版本号并没有明确的定义。从 1.0 到 2.6 版本，Linux 内核的版本号按照 A.B.C 的方式命名：

A 代表大幅度转变的内核，在历史上只有 1994 年的 1.0 及 1996 年的 2.0 属于此类转变。B 指一些重大修改的内核，这期间 Linux 内核使用了传统的奇数次要版本号码的软件号码系统（如 2.5 为次要，2.6 为稳定版本）。C 指轻微修订的内核。这个数字在有安全补丁、bug 修复、新的功能或驱动程序添加时便会有变化。

自 2003 年 12 月，2.6.0 版本发布后，内核的开发者们进行了数次讨论，并达成了新的共识：更短的发布周期将是有益的。自那时起，Linux 内核以 A.B.C.D 的方式命名。

A 和 B 变得无关紧要，C 是内核的真实版本。每一个版本的变化都会带来新的特性，如内部 API 的变化等，改动的代码数量常常上万行。D 是安全补丁和 bug 修复。

二维码11

本书基于一个稳定版的内核——Linux-3.18.6，读者可以到 Linux 内核官方网站下载 Linux 内核代码，下载地址见二维码 11，然后用类似 Source Insight 的代码阅读工具来查看和分析。

Linux 内核源码的目录结构如图 3-1 所示。

图 3-2 所示的 arch 目录是与体系结构相关的子目录列表，里面存放了许多 CPU 体系结构的相关代码，比如 arm、x86、MIPS、PPC 等。arch 目录中的代码在 Linux 内核代码中占比相当庞大，主要原因是 arch 目录中的代码可以使 Linux 内核支持不同的 CPU 和体系结构。alpha、arm、arm64 等不同目录分别支持不同的 CPU。本书最需要关心的是 x86 目录，在下载源代码进行研究时，一般情况会把其他的目录全部删除，只留下 x86 的目录，以便在阅读源代码时，可以只关心 x86 目录中的内容，避免同一个函数存在于多个目录中。

回到源代码根目录，除了 arch 以外还有如下几个关键的目录。

❑   block：存放 Linux 存储体系中关于块设备管理的代码。

❑   crypto：存放常见的加密算法的 C 语言代码，譬如 crc32、md5、sha1 等。

图3-1　Linux内核源码目录	图3-2　arch目录

❑　Documentation：存放一些文档。

❑　drivers：驱动目录，里面分门别类地存放了 Linux 内核支持的所有硬件设备的驱动源代码。

❑　firmware：固件。

❑　fs：文件系统（file system），里面列出了 Linux 支持的各种文件系统的实现。

❑　include：头文件目录，存放公共的（各种 CPU 体系结构共用的）头文件。比如 ARM 架构特有的一些头文件在 arch/arm/include 目录及其子目录下。

❑　init：init 是初始化的意思，存放 Linux 内核启动时的初始化代码。

其中一个关键目录是 init 目录，内核启动相关的代码都在这个目录下。如图 3-3 所示，在 init 目录下有 main.c 源文件。

图3-3 init目录

C 语言代码是从 main 函数启动的，C 程序的阅读也从 main 函数开始。init 目录中的 main.c 源文件是整个 Linux 内核启动的起点，但它的起点不是 main 函数，而是 start_kernel 函数，如图 3-4 所示，读者可以在 main.c 中找到 start_kernel 函数，start_kernel 函数是初始化 Linux 内核启动的起点，start_kernel 前的代码使用汇编语言来进行硬件初始化，启动代码会在后文中详细分析。

```
500    asmlinkage __visible void __init start_kernel(void)
501    {
502            char *command_line;
503            char *after_dashes;
504
505            /*
506             * Need to run as early as possible, to initialize the
507             * lockdep hash:
508             */
509            lockdep_init();
510            set_task_stack_end_magic(&init_task);
511            smp_setup_processor_id();
512            debug_objects_early_init();
513
514            /*
515             * Set up the the initial canary ASAP:
516             */
517            boot_init_stack_canary();
518
519            cgroup_init_early();
520
521            local_irq_disable();
522            early_boot_irqs_disabled = true;
```

图3-4 start_kernel函数

从图 3-3 的 init 目录回到根目录，下面继续看其他目录。

❑ ipc 目录：IPC 就是进程间通信（inter-process communication），ipc 目录里面是 Linux 支持的 IPC 的代码实现。

❑ kernel 目录：kernel 的意思是内核，就是 Linux 内核，这个文件夹存放内核本身需要的一些核心代码文件。其中有很多关键代码，包括 pid——进程号等。

- ❑ lib 目录：公用的库文件，里面是一些公用的库函数。注意这里的库函数和 C 语言的库函数是不一样的，在内核编程中不能用 C 语言标准库函数，这里的 lib 目录下的库函数就是用来替代那些标准库函数的。譬如把字符串转成数字要用 atoi 函数，但是内核编程中只能用 lib 目录下的 atoi 函数，不能用标准 C 语言库中的 atoi 函数；譬如在内核中要打印信息时不能用 printf，而要用 printk，这个 printk 就是 lib 目录下的。

- ❑ mm：mm 是 memory management，即内存管理，存放 Linux 的内存管理代码。

- ❑ net：该目录下是网络相关的代码，譬如 TCP/IP 协议栈等。

- ❑ 此外还有一些与声音、安全、脚本、工具相关的目录。

Linux 内核分析中比较重要的是 arch 目录下的 x86 目录下的源文件、init 目录下的 main.c、kernel 目录下和进程调度相关的代码等，其他还有内存管理、网络、文件系统等代码。

在开发一个软件项目时，一般会在项目根目录下写一个 readme 文件。Linux 内核的 readme 介绍了什么是 Linux，Linux 能在哪些硬件上运行等问题。readme 包含以下几节：

- ❑ WHAT IS LINUX?（Linux 是什么？）

- ❑ ON WHAT HARDWARE DOES IT RUN?（Linux 支持什么体系结构？）

- ❑ DOCUMENTATION（文档）

- ❑ INSTALLING the kernel source（安装内核源代码）

- ❑ SOFTWARE REQUIREMENTS

- ❑ BUILD directory for the kernel

- ❑ CONFIGURING the kernel

- ❑ COMPILING the kernel

- ❑ IF SOMETHING GOES WRONG

其中的 INSTALLING the kernel source 会讲解如何安装内核源代码，如何解压、打补丁，然后进入 Linux 下，把它生成的中间代码清理干净。通过 make menuconfig 指令可以配置内核，配置时可以选择增加一些模块，执行 make 就可以进行编译。readme 中有不同的配置方法，还有编译内核的一些说明，值得读者通读一遍，下面简要列出了编译配置 Linux 内核的关键步骤。

1. 编译安装内核大概步骤

（1）安装开发包组

（2）下载源码文件

（3）.config：准备配置文件

（4）make menuconfig：配置内核选项

（5）make [-j #]

（6）make modules_install：安装模块

（7）make install：安装内核相关文件

（8）安装 bzImage 为/boot/vmlinuz-VERSION-RELEASE（去 boot 目录下查看）

（9）生成 initramfs 文件

（10）编辑 grub 的配置文件

2. 编译配置选项

（1）配置内核选项

（2）支持"更新"模式进行配置：make help

❑ make config：基于命令行以遍历的方式去配置内核中可配置的每个选项。

❑ make menuconfig：基于 curses 的文本窗口界面。

❑ make gconfig：基于 GTK (GNOME)环境窗口界面。

❑ make xconfig：基于 QT(KDE)环境的窗口界面。

（3）支持"全新配置"模式进行配置

❑ make defconfig：基于内核为目标平台提供的"默认"配置进行配置。

❑ make allyesconfig：所有选项均回答为"yes"。

❑ make allnoconfig：所有选项均回答为"no"。

3．编译

全编译：make [-j #]

3.2　构造一个简单的 Linux 内核

在大致了解了 Linux 内核源代码的目录后，接下来读者要尝试构建一个简单的 Linux 系统，并编译、运行和跟踪源代码。这里构造的 MenuOS 系统是由 Linux 内核镜像和根文件系统集成起来的。

在源代码的学习过程中，可以先阅读理解代码，然后编译运行代码，看实际效果。如果实际效果和期望一致，说明读者已经理解了相关代码；如果不一致，说明读者对代码的理解有偏差，可以通过修改代码、单步跟踪等手段来分析理解代码，反复地运行测试，直到理解相关代码。

那么，如何构建一个 Linux 系统呢？

如果是在"实验楼"的虚拟机中，通过两个简单的命令就可以把 Linux 系统和一个简单的文件系统运行起来：

```
cd LinuxKernel/
qemu -kernel linux-3.18.6/arch/x86/boot/bzImage -initrd rootfs.img
```

注意：qemu 需要创建窗口，它在纯命令行系统下无法工作，需要使用图形化界面的虚拟机。

这里解释一下，qemu 仿真 kernel；bzImage 是 vmLinux 经过 gzip 压缩后的文件，是压缩的内核映像，"b"代表的是"big"（bzImage 适用于大内核，zImage 适用于小内核）。vmLinux 是编译出来的最原始的内核 ELF 文件；根文件系统一般包括内存根文件系统和磁盘文件系统。initrd 是"initial ramdisk"的简写，普通 Linux 用户一般感受不到这个内存根文件系统的存在，因为普通 Linux 系统在启动时，是 boot loader 将存储介质中的 initrd 文件加载到内存，内核启动时先访问 initrd 文件系统（内存根文件系统），然后再切换到磁盘文件系统。本次的实验简化为只使用了 initrd 根文件系统。

二维码12

这里的根文件系统也比较简单，只是创建了一个 rootfs.img，其中只有一个 init 的功能，用 menu 程序替代 init。内核启动完成后进入 menu 程序，menu 项目见二维码 12（menu 项目来自"软件工程（C 编码实践篇）"视频课程项目），支持 3 个命令 help、version 和 quit。读者也可以添加更多的命令，对学习过"软件工程（C 编码实践篇）"的读者来讲应该是很简单的。没有学习过的读者可以参考在线视频课程及 menu 项目。

图 3-5 所示是构建 Linux 系统 MenuOS 在实验楼平台上运行的截图，读者也可以自己动手来构建，下面是使用自己的 Linux 系统环境搭建 MenuOS 的过程。

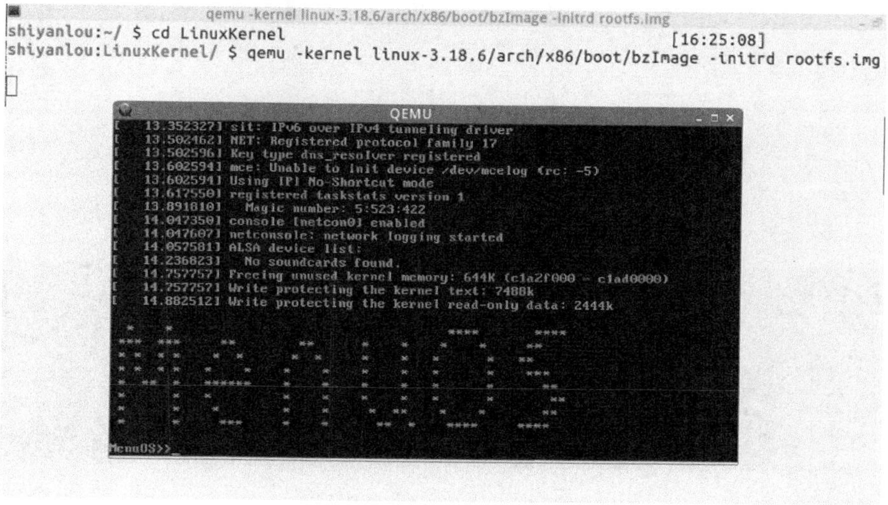

图3-5　构建Linux系统MenuOS

（1）下载内核源码（Linux-3.18.6），解压并编译（时间较长）。首先建立一个 LinuxKernel 文件夹，在该文件夹下进行如下操作：

```
cd ~/LinuxKernel/
wget https://www.kernel.org/pub/linux/kernel/v3.x/linux-3.18.6.tar.xz # 链接见二维码 11
xz -d linux-3.18.6.tar.xz
tar -xvf linux-3.18.6.tar
cd linux-3.18.6
make i386_defconfig
make
```

在运行时可能会出现如下错误。查看内核目录 include/linux，发现里面确实没有 compiler-gcc6.h，去下载 compiler-gcc6.h 放到该目录下即可解决此问题，如图 3-6 所示。

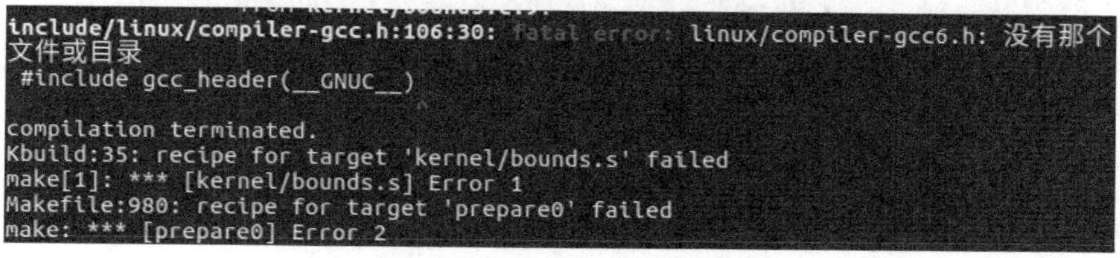

图3-6　缺少compiler-gcc6.h

（2）制作根文件系统（返回上级目录，即在 LinuxKernel 目录下进行操作），如图 3-7 所示。

```
mkdir rootfs
git clone https://github.com/mengning/menu.git      #从GitHub上克隆
menu，链接见二维码13
cd menu
gcc -pthread -o init linktable.c menu.c test.c -m32 -static
cd ../rootfs
cp ../menu/init ./                        #把init复制到roorfs下
find . | cpio -o -Hnewc |gzip -9 > ../rootfs.img #把当前rootfs下的所有文件打包成一个镜像文件
```

二维码13

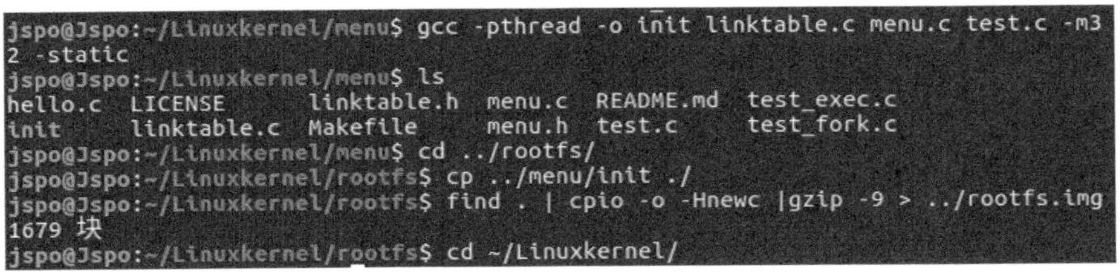

图3-7　制作根文件系统

这样就可以启动不带调试信息的 Linux 内核和 MenuOS 了，如图 3-8 所示。

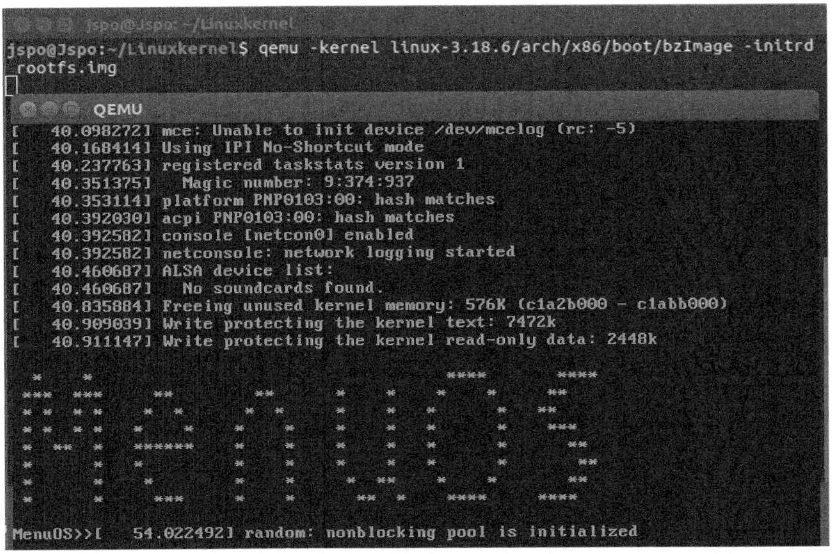

图3-8　启动MenuOS

init 是第一个用户态进程，是 1 号进程。把 init 复制到 rootfs 目录下边。然后使用 cpio 的方式把当前 rootfs 下的所有文件打包成一个镜像文件，这时一个最简单的根文件系统的镜像就制作好了。后边会演示如何用 gdb 来调试和跟踪，其中需要重新配置编译 Linux 使其携带调试信息。首先要把 debug 信息打开，这一步如果用"实验楼"的环境，那么已经配置好了。在做跟踪调试时，读者可以边跟踪边看执行到的源代码进行分析。

（3）接下来需要对内核进行跟踪调试，重新配置编译 Linux 内核，使之携带调试信息（按如下步骤进行选择），如图 3-9 所示。

```
make menuconfig
kernel hacking
-> Compile-time checks and compiler options
[*]compile the kernel with debug info
make
```

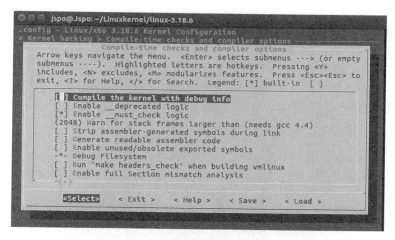

图3-9　重新配置编译Linux内核

在 make menuconfig 时可能会出现如下错误。把缺少的部分通过如下操作，安装上即可解决此问题，如图 3-10 所示。

```
sudo apt-get install libncurses5-dev
```

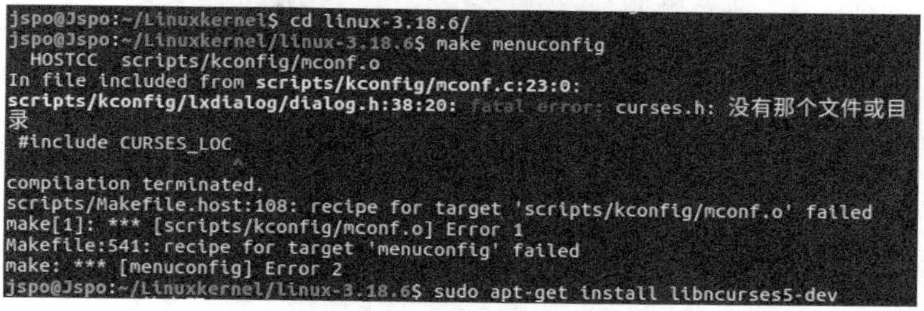

图3-10　解决错误

上述步骤都完成后，你就可以按照实验楼中的步骤启动 MenuOS 了。

读者可以在实验楼的环境中实践一下，过程中主要用到的目录有：

❑　linux-3.18.6 —— 内核源代码的目录；

❑　rootfs —— 编译好的文件系统。

前边的工作已经完成，可以直接启动，内核启动完了之后，可以看到它加载了根文件系统，根文件系统中的文件 init 已经执行起来了。

3.3　跟踪调试 Linux 内核的启动过程

下面具体看看如何使用 gdb 跟踪调试 Linux 内核的启动过程。

使用 gdb 跟踪调试内核，加两个参数，一个是-s（在 1234 端口上创建了一个 gdb-server，读者可以另外打开一个窗口，用 gdb 把带有符号表的内核镜像加载进来，然后连接 gdb server，设置断点跟踪内核。若不想使用 1234 端口，可以使用-gdb tcp:xxxx 来取代-s 选项），另一个是-S（CPU 初始化之前冻结起来）。

```
qemu -kernel linux-3.18.6/arch/x86/boot/bzImage -initrd rootfs.img -S -s
```

用以上命令先把内核启动一下，如图 3-11 所示，然后读者可以看到它被冻结起来了。

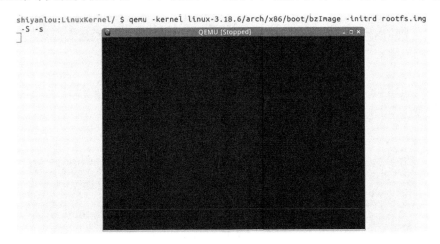

图3-11　内核的启动过程

再打开一个窗口，水平分割，启动 gdb，把内核加载进来，建立连接。

```
file linux-3.18.6/vmlinux
target remote:1234   //用1234这个端口进行连接
```

在 start_kernel 处设置断点，刚才是 stop 状态，如果按"c"继续执行，那么系统开始启动执行，启动到 start_kernel 函数的位置停在断点处，如图 3-12 所示的断点查看代码，读者就可以看到 start_kernel 上下的代码。

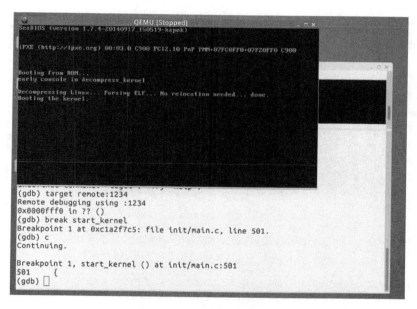

图3-12   断点查看代码

再设置一个断点 rest_init，继续执行，停在断点处。如图 3-13 所示的断点 rest_init，可以看到 rest_init 是在 start_kernel 的尾部进行调用的。

了解了如何跟踪内核以后，读者应该有目的地来跟踪内核的启动过程中都做了什么。

首先要找到内核启动的起点 start_kernel 函数所在的 main.c，简单浏览 start_kernel 函数，里面有一个 init_task 变量，相当于之前分析 mykernel 时有第一个进程的 PCB，就是在这里进行初始化的。另外还有很多其他的模块初始化工作，因为每一个启动的点都涉及比较复杂的模块，而且内核非常庞大，包括很多的模块。在研究内核的某个模块时，往往需要了解 main.c 中的 start_kernel，因为内核的主要模块的初始化工作，都是在 start_kernel 函数里调用的。由于涉及的模块太多且太复杂，这里只需要了解一部分。这里有很多 setup 设置的内容，其中有一个 trap_init 函数调用，涉及一些初始化中断向量。读者只需要看 arck_x86 的，它在 set_intr_gate 设置了很多的中断门和硬件中断。其中有一个系统陷阱门，用于进行系统调用，其他还有 mm_init 内存管理模块的初始化等。start_kernel 中的最后一句为 rest_init，内核启动完成后，有一个 call_cpu_idle，当系统没有进程需要执行时就调用 idle 进程。rest_init 是 0 号进程，它创建了 1 号进程 init 和其他的一些服务进程。以上就是内核的启动过程。接下来根据需要具体跟踪到某一段进行调试查看，首先分析一些关键的函数。

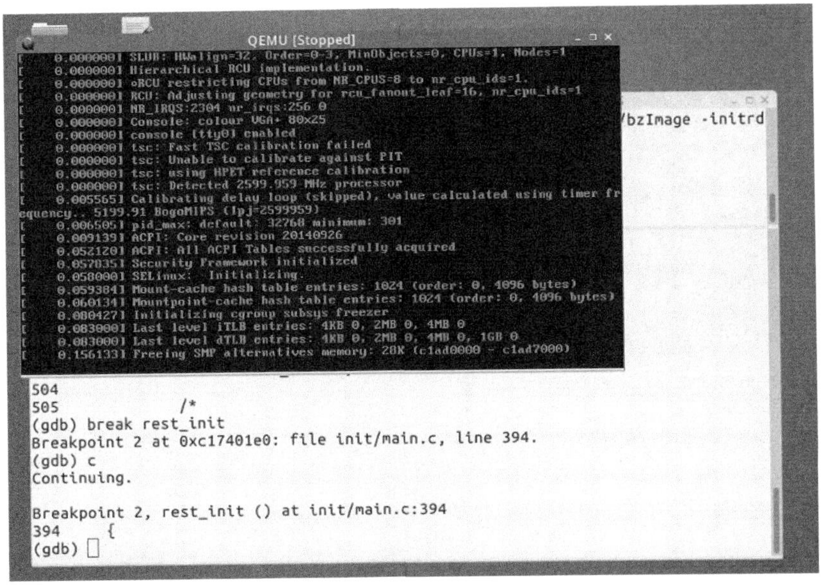

图3-13　断点rest_init

1. start_kernel()

main.c 中没有 main 函数，start_kernel() 相当于 C 语言中的 main 函数。start_kernel 是一切的起点，在此函数被调用之前，内核代码主要是用汇编语言写的，用于完成硬件系统的初始化工作，为 C 代码的运行设置环境。如图 3-14 所示，start_kernel 函数在/linux-3.18.6/init/main.c#500 中（见二维码 14）。

2. init_task()

start_kernel()函数几乎涉及了内核的所有主要模块，如：trap_init()（中断向量的初始化）、mm_init()（内存管理的初始化）、sched_init()（调度模块的初始化）等。首先是 510 行的 init_task()：

```
struct task_struct init_task = INIT_TASK(init_task);
```

```
500 asmlinkage __visible void __init start_kernel(void)
501 {
502     char *command_line;
503     char *after_dashes;
504
505     /*
506      * Need to run as early as possible, to initialize the
507      * lockdep hash:
508      */
509     lockdep_init();
510     set_task_stack_end_magic(&init_task);
511     smp_setup_processor_id();
512     debug_objects_early_init();
513
514     /*
515      * Set up the the initial canary ASAP:
516      */
517     boot_init_stack_canary();
518
519     cgroup_init_early();
520
521     local_irq_disable();
522     early_boot_irqs_disabled = true;
```

图3-14 start_kernel

可以看出 init_task（0 号进程）是 task_struct 类型，是进程描述符，使用宏 INIT_TASK 对其进行初始化。接下来就是对各种模块的初始化。

二维码15

3．rest_init()

如图 3-15 所示，通过 rest_init()新建 kernel_init 和 kthreadd 内核线程。如/linux-3.18.6/init/main.c#403 行代码，通过注释可知，调用 kernel_thread()创建 1 号内核线程，见二维码 15。

```
393 static noinline void __init_refok rest_init(void)
394 {
395     int pid;
396
397     rcu_scheduler_starting();
398     /*
399      * We need to spawn init first so that it obtains pid 1, however
400      * the init task will end up wanting to create kthreads, which, if
401      * we schedule it before we create kthreadd, will OOPS.
402      */
403     kernel_thread(kernel_init, NULL, CLONE_FS);
404     numa_default_policy();
405     pid = kernel_thread(kthreadd, NULL, CLONE_FS | CLONE_FILES);
406     rcu_read_lock();
407     kthreadd_task = find_task_by_pid_ns(pid, &init_pid_ns);
408     rcu_read_unlock();
409     complete(&kthreadd_done);
410
411     /*
412      * The boot idle thread must execute schedule()
413      * at least once to get things moving:
414      */
415     init_idle_bootup_task(current);
416     schedule_preempt_disabled();
417     /* Call into cpu_idle with preempt disabled */
418     cpu_startup_entry(CPUHP_ONLINE);
419 }
420
421 /* Check for early params. */
```

图3-15 rest_init()

这里对比一下 init_task 和 kernel_thread()。kernel_thread()是 fork 出的一个新进程来执行 kernel_init 函数，而 init_task 是使用宏进行初始化的。也就是说，0 号进程不是系统通过 kernel_ thread 的方式（也就是 fork 方式）创建的（init_task 是唯一没有通过 fork 方式产生的进程，如图 3-16 所示）。

```
struct task_struct init_task = INIT_TASK(init_task);

pid_t kernel_thread(int (*fn)(void *), void *arg, unsigned long flags)
{
    return do_fork(flags|CLONE_VM|CLONE_UNTRACED, (unsigned long)fn,
                (unsigned long)arg, NULL, NULL);
}
```

图3-16　init_task

第 405 行代码 "pid = kernel_thread(kthreadd, NULL, CLONE_FS | CLONE_FILES);" 调用 kernel_thread 执行 kthreadd，创建 PID 为 2 的内核线程。如图 3-17 所示，kthreadd 在 linux-3.18.6/kernel/kthread.c#483（见二维码 16）。

二维码16

```
int kthreadd(void *unused)
{
    struct task_struct *tsk = current;

    /* Setup a clean context for our children to inherit. */
    set_task_comm(tsk, "kthreadd");
    ignore_signals(tsk);
    set_cpus_allowed_ptr(tsk, cpu_all_mask);
    set_mems_allowed(node_states[N_MEMORY]);

    current->flags |= PF_NOFREEZE;

    for (;;) {
        set_current_state(TASK_INTERRUPTIBLE);
        if (list_empty(&kthread_create_list))
            schedule();
        __set_current_state(TASK_RUNNING);

        spin_lock(&kthread_create_lock);
        while (!list_empty(&kthread_create_list)) {
            struct kthread_create_info *create;

            create = list_entry(kthread_create_list.next,
                        struct kthread_create_info, list);
            list_del_init(&create->list);
            spin_unlock(&kthread_create_lock);

            create_kthread(create);

            spin_lock(&kthread_create_lock);
        }
        spin_unlock(&kthread_create_lock);
```

图3-17　kthreadd

kthreadd 函数的任务是管理和调度其他内核线程 kernel_thread。for 循环中运行 kthread_ create_list 全局链表中维护的 kthread，在 create_kthread()函数中，会调用 kernel_thread 来生成一个新的进程并加入此链表中，因此所有的内核线程都是直接或者间接地以 kthreadd 为父进程的。

　　总结：init_task()（PID 为 0）在创建了 init 进程后，调用 cpu_idle() 演变成了 idle 进程，执行一次调度后，init 进程运行。1 号内核线程负责执行内核的部分初始化工作及进行系统配置，最后调用 do_execve 加载 init 程序，演变成 init 进程（用户态 1 号进程），init 进程是内核启动的第一个用户态进程。kthreadd（PID 为 2）进程由 0 号进程创建，始终运行在内核空间，负责所有内核线程的调度和管理。整个过程如图 3-18 所示。

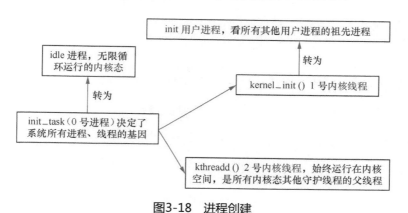

图3-18　进程创建

3.4　单元测试题

1．单选题

（1）在 Linux 源码结构中，和进程间通信相关的目录是（　　）。

A．arch　　　　　　B．ipc　　　　　　C．fs　　　　　　D．init

（2）Linux 源码 start_kernel 函数中调用进程调度初始化的是（　　）函数。

A．trap_init　　　　B．mm_init　　　　C．sched_init　　D．rest_init

（3）MenuOS 系统的文件系统不支持的命令是（　　）。

A．ls　　　　　　　B．help　　　　　　C．quit　　　　　D．version

2．判断题

（1）操作系统的"两把宝剑"指中断上下文的切换和进程上下文的切换。　　（　　）

（2）Linux 启动中的第一个用户态进程是 idle 进程。　　　　　　　　　　（　　）

3. 简答题

gdb 中设置断点使用的命令是什么？（使用小写字母）

3.5　实验

跟踪分析 Linux 内核的启动过程。

1. 实验要求

□　使用 gdb 跟踪调试内核从 start_kernel 到 init 进程启动。

□　详细分析从 start_kernel 到 init 进程启动的过程。

总结部分需要阐明自己对 "Linux 系统启动过程" 的理解，尤其是 idle 进程和 1 号进程是怎么来的。

2. 实验指导

使用实验楼的图形化界面虚拟机打开 shell 命令行终端。

```
cd LinuxKernel/
qemu -kernel linux-3.18.6/arch/x86/boot/bzImage -initrd rootfs.img
```

二维码17

内核启动完成后进入 menu 程序 "软件工程（C 编码实践篇）" 的课程项目见二维码 17），支持 3 个命令 help、version 和 quit，你也可以添加更多的命令。

（1）使用 gdb 跟踪调试内核

qemu -kernel linux-3.18.6/arch/x86/boot/bzImage -initrd rootfs.img -s -S # 关于-s 和-S 选项的说明：

```
-S freeze CPU at startup (use 'c' to start execution)
-s shorthand for -gdb tcp::1234
```

若不想使用 1234 端口，也可以使用-gdb tcp:xxxx 来取代-s 选项。

（2）另开一个 shell 窗口

```
gdb
(gdb) file linux-3.18.6/vmlinux # 在gdb界面中targe remote之前加载符号表
(gdb)target remote:1234 # 建立gdb和gdbserver之间的连接, 按 "c" 让qemu上的Linux继续运行(gdb)
break start_kernel # 断点的设置可以在target remote之前, 也可以在此之后
```

第4章

系统调用的三层机制（上）

有了 MenuOS 这样一个简单操作系统，在深入分析内核时就有了一个可以跟踪调试的环境，本书在接下来的几章都将阅读内核源代码和在 MenuOS 上跟踪调试结合起来。本章和下一章将聚焦在系统调用上。

4.1 用户态、内核态和中断

本章开始研究操作系统中一个非常重要的概念——系统调用。大多数程序员在写程序时都很难离开系统调用，与系统调用打交道的方式是通过库函数的方式，库函数用来把系统调用给封装起来，要理解系统调用的概念还需要一些储备知识。

首先是用户态与内核态的区分，如图 4-1 所示，宏观上 Linux 操作系统的体系架构分为用户态和内核态。计算机的硬件资源是有限的，为了减少有限资源的访问和使用冲突，CPU 和操作系统必须提供一些机制对用户程序进行权限划分。现代的 CPU 一般都有几种不同的指令执行级别，就是什么样的程序执行什么样的指令是有权限的。在高的执行级别下，代码可以执行特权指令，访问任意的物理内存，这时 CPU 的执行级别对应的就是内核态，对所有的指令包括特权指令都可以执行。相应的，在用户态（低级别指令），代码能够掌控的范围会受到限制。为什么会出现这种情况呢？其实很容易理解，如果没有权限级别的划分，系统中程序员编写的所有代码都可以使用特权指令，系统就很容易出现崩溃的情况。因为不是每个程序员写的代码都那么健壮，或者说会非法访问其他进程的资源，就会容易出错，这也是操作系统发展的过程中保证系统稳定性的一种机制。让程序员写的用户态的代码很难导致整个系统的崩溃，而操作系统内核的代码是由更专业的程序员写的，有规范的测试，相对就会更稳定、健壮。

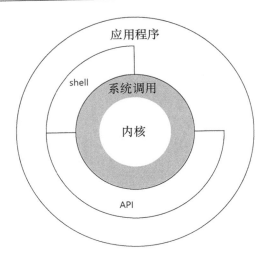

图4-1　系统调用在操作系统中的位置示意图

如图 4-2 所示，Intel x86 CPU 有 4 种不同的执行级别，分别是 0、1、2、3，数字越小，特权越高。按照 Intel 的设想，操作系统内核运行在 Ring0 级别，驱动程序运行在 Ring1 和 Ring2 级别，应用程序运行在 Ring3 级别，实际的操作系统（如 Linux、Windows）都没有用到图 4-2 中的 4 级。Linux 操作系统中只是采用了其中的 0 和 3 两个特权级别，分别对应内核态和用户态。用户态和内核态很显著的区分方法就是 CS:EIP 的指向范围，在内核态时，CS:EIP 的值可以是任意的地址，在 32 位的 x86 机器上有 4GB 的进程地址空间，内核态下的这 4GB 的地址空间全都可以访问。但是在用户态时，只能访问 0x00000000～0xbfffffff 的地址空间，

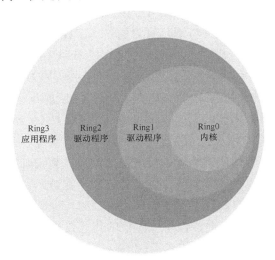

图4-2　Intel对CPU执行权限级别的定义

0xc0000000 以上的地址空间只能在内核态下访问，如图 4-3 所示。这里所说的地址空间是进程的逻辑地址而不是物理地址，逻辑地址是进程的地址空间里面的，现在的 CPU 都可以通过 MMU（内存管理单元）把逻辑地址转换为物理地址，后面讲到地址空间时还会研究这个问题。

图4-3　Linux内存空间

但是这时会引申出一个问题——中断，系统调用也是一种中断（中断处理是从用户态进入内核态的主要方式）。一般来说，进入内核态是由中断触发的，可能是硬件中断，在用户态进程执行时，硬件中断信号到来，进入内核态，就会执行这个中断对应的中断服务例程。也可能是用户态程序执行的过程中，调用了一个系统调用，陷入了内核态，叫作 Trap（系统调用只是特殊的中断）。这时就会有从用户态到内核态的寄存器上下文的切换问题，当用户态切换到内核态时，就要把用户态寄存器上下文保存起来，同时要把内核态的寄存器的值放到当前 CPU 中。int 指令触发中断机制会在堆栈上保存一些寄存器的值，会保存用户态栈顶地址、当时的状态字、当时的 CS:EIP 的值。同时会将内核态的栈顶地址、内核态的状态字放入 CPU 对应的寄存器，并且 CS:EIP 寄存器的值会指向中断处理程序的入口，对于系统调用来讲是指向 system_call。int 指令或中断信号发生之后进入中断处理程序（中断发生后的第一件事就是保存现场），刚开始执行的是 SAVE_ALL，就是把其他寄存器的值也通过进栈操作，放到内核堆栈里去。当中断处理程序结束后，（中断处理结束前的最后一件事是恢复现场）就会执行 RESTORE_ALL（老版本的内核）。在 3.18.6 的 x86-32 位新内核中是 restore_all 和 INTERRUPT_RETURN（iret），负责把中断时保存的用户态寄存器再进行出栈操作到当前的 CPU 里面。最后的 iret 与中断信号（包括 int 指令）发生时的 CPU 做的动作正好相反，之前是保存，这里就是恢复。

下面再来仔细分析中断的处理过程，Linux 下系统调用通过 int 0x80 中断完成，中断保存了用户态 CS:EIP 的值，以及当前的堆栈段寄存器的栈顶，将 EFLAGS 寄存器的当前的值保存到内核堆栈里，同时把当前的中断信号或者是系统调用的中断服务程序的入口加载到 CS:EIP 里，把当前的堆栈段 SS:ESP 也加载到 CPU 里，这些都是由中断信号或者是 int 指令来完成的。完成后，当前 CPU 在执行下一条指令时就已经开始执行中断处理程序的入口了，这时对堆栈的操作已经是内核堆栈操作了，之前的 SAVE_ALL 就是内核代码，完成中断服务，发生进程调度。如果没有发生进程调度，就直接 restore_all 恢复中断现场，然后 iret 返回到原来的状态；如果发生了进程调度，当前的这些状态都会暂时地保存在系统内核堆栈里，当下一次发生进程调度有机会再切换回当前进程时，就会接着把 restore_all 和 iret 执行完，这样中断处理过程就执行完了。

4.2　系统调用概述

有了用户态、内核态和中断处理过程的概念之后，下面以系统调用为例来看中断服务具体是怎么执行的。系统调用的意义是操作系统为用户态进程与硬件设备进行交互提供了一组接口。系统调用具有以下功能和特性。

- ❑ 把用户从底层的硬件编程中解放出来。操作系统为我们管理硬件，用户态进程不用直接与硬件设备打交道。

- ❑ 极大地提高系统的安全性。如果用户态进程直接与硬件设备打交道，会产生安全隐患，可能引起系统崩溃。

- ❑ 使用户程序具有可移植性。用户程序与具体的硬件已经解耦合并用接口代替了，不会有紧密的关系，便于在不同系统间移植。

4.2.1　操作系统提供的 API 和系统调用的关系

系统调用的库函数就是读者使用的操作系统提供的 API（应用程序编程接口），API 只是函数定义。系统调用是通过软中断向内核发出了中断请求，int 指令的执行就会触发一个中断请求。libc 函数库定义的一些 API 内部使用了系统调用的封装例程，其主要目的是发布系统调用，使程序员在写代码时不需要用汇编指令和寄存器传递参数来触发系统调用。一般每个系统调用对应一个系统调用的封装例程，函数库再用这些封装例程定义出给程序员调用的 API，这样把系统调用最终封装成方便程序员使用的库函数。

libc 提供的 API 可能直接提供一些用户态的服务，并不需要通过系统调用与内核打交道，比如一些数学函数等，但涉及与内核空间进行交互的 API 内部会封装系统调用。一个 API 可能只对应一个系统调用，也可能内部由多个系统调用实现，一个系统调用也可能被多个 API 调用。不涉及与内核进行交互的 API 内部不会封装系统调用，比如用于求绝对值的数学函数

abs()。对于返回值，大部分系统调用的封装例程返回一个整数，其值的含义依赖于对应的系统调用，返回值–1 在多数情况下表示内核不能满足进程的请求，libc 中进一步定义的 errno 变量包含特定的出错码。

如图 4-4 所示，User Mode 表示用户态，Kernel Mode 表示内核态。xyz()就是一个 API 函数，是系统调用对应的 API，其中封装了一个系统调用，会触发 int $0x80 的中断，对应 system_call 内核代码的起点，即中断向量 0x80 对应的中断服务程序入口，内部会有 sys_xyz() 系统调用处理函数，执行完 sys_xyz()后会 ret_from_sys_call，这里是进程调度最常见的调度时机点。如果没有发生进程调度，就会执行 iret 再返回到用户态接着执行。这也是我们的标题"深入系统调用的 3 层机制"，系统调用的 3 层机制分别为 xyz()，system_call 和 sys_xyz()。本章及下一章会重点分析系统调用这 3 层，本章重点聚焦在用户态程序如何触发系统调用。

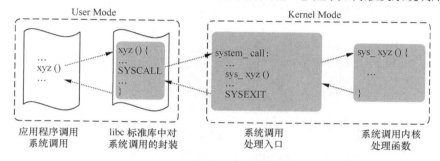

图4-4　系统调用的3层机制

4.2.2　触发系统调用及参数传递方式

当用户态进程调用一个系统调用时，CPU 切换到内核态并开始执行一个 system_call 和系统调用内核函数。具体来说，在 Linux 中通过执行 int $0x80 来触发系统调用的执行，这条汇编指令产生中断向量为 128 的编程异常。另外 Intel Pentium II 中引入了 sysenter 指令（快速系统调用），Linux 2.6 及以后的内核已经支持，但本书只关注 int 指令触发的系统调用。进入内核后，开始执行中断向量 128 对应的中断服务程序 system_call，Linux 操作系统大概有 200 个系统调用，这时内核如何知道用户态进程希望调用的是哪个系统调用呢？内核通过给每个系统调用一个编号来区分，即系统调用号，将 API 函数 xyz()和系统调用内核函数 sys_xyz()关联起来了。内核实现了很多不同的系统调用，用户态进程必须指明需要哪个系统调用，这需要使用 EAX 寄存器传递一个名为系统调用号的参数。

除了系统调用号外，系统调用也可能需要传递参数，普通函数调用是通过将参数压栈的方式传递的。系统调用从用户态切换到内核态，在两种执行模式下使用的是不同的堆栈，即进程的用户态和进程的内核态堆栈，传递参数方法无法通过参数压栈的方式，而是通过比较特殊的寄存器传递参数的方式。寄存器传递参数的个数是有限制的，而且每个参数的长度不能超过寄存器的长度，本书关注的 x86-32 即最大 32 位。除了 EAX 用于传递系统调用号外，参数按顺序赋值给 EBX、ECX、EDX、ESI、EDI、EBP，参数的个数不能超过 6 个，即上述 6 个寄存器。如果超过 6 个就把某一个寄存器作为指针指向内存，这样就可以通过内存来传递更多的参数。以上就是系统调用的参数的传递方式。

4.3　使用库函数API和C代码中嵌入汇编代码触发同一个系统调用

下面调用系统库函数 time() 来获取系统的时间，即使用库函数 API time() 来获取系统当前时间作为一个范例，通过代码和实践来进一步理解和体会系统调用。接下来我们会通过系统库函数和直接使用嵌入式汇编代码两种方式，来触发同一个系统调用获取当前系统时间。

4.3.1　使用库函数 API 触发一个系统调用

下面编写一个 time.c 的程序，声明了一个 time_t 类型的变量 tt 和一个 struct tm 类型指针变量 t，主要是为了输出时变成可读的格式。tt 只是一个 int 型的数值，它记录了当前系统的时间，而人们习惯用"某年某月某日"这样的格式，因此使用 time() 获得了 tt 之后，要通过调用 localtime() 把 tt 变成 struct tm 这种结构的格式，便于输出为可读的格式。

代码非常简单，只使用了 time()库函数 API。

```
#include <stdio.h>
#include <time.h>
int main()
{
  time_t tt;//int型数值
  struct tm *t;
  tt = time(NULL);
  t = localtime(&tt);
  printf("time:%d:%d:%d:%d:%d:%d:\n",t->tm_year+1900,t->tm_mon,t->tm_mda,t->tm_hour,
t->tm_min,t->tm_sec);
  return 0;
}
```

由于使用的实验楼的虚拟机是 64 位系统，而本书是以 x86-32 为例来撰写的，所以在使用 gcc 编译时需要加一个-m32 的参数输出 32 位的机器码。使用如下指令编译运行一下，输出的是当前系统时间。

```
gcc -m32 -o time tim.c
./time
```

4.3.2 内嵌汇编语法简介

内嵌汇编，也称为嵌入式汇编，即在 C 代码中嵌入汇编的做法，在分析内核时会看到有些就是嵌入式的汇编代码。内嵌汇编在本书 2.2 节中也有介绍，但当时主要的目标是读懂内嵌汇编代码，而本章的目标更进一步，是要读者自己写一点内嵌汇编代码，因此请读者阅读 2.2 节后，进一步学习内嵌汇编的一些技术细节。

2.2 节中简要介绍了内嵌汇编的一些基本语法规则和简要的范例，其中有许多修饰符需要了解，我们可以给嵌入式汇编的输出或者输入的部分加一个限定符，"a"表示 EAX 寄存器，"b"表示 EBX 寄存器，"c"表示 ECX 寄存器，"d"表示 EDX 寄存器，"s"表示 ESI 寄存器，"D"表示 EDI 寄存器等。我们用到的"m"表示内存变量，"="表示操作数在指令中是只写的（输出操作数），"+"表示操作数在指令中是读写类型的（输出输入操作数）。一些内嵌汇编常用的修饰限定符如表 4-1 所示。

表 4-1　一些内嵌汇编常用的修饰限定符

分类	限定符	描述
通用寄存器	"a"	将输入变量放入 eax
	"b"	将输入变量放入 ebx
	"c"	将输入变量放入 ecx
	"d"	将输入变量放入 edx
	"s"	将输入变量放入 esi
	"D"	将输入变量放入 edi
	"q"	将输入变量放入 eax、ebx、ecx、edx中的一个
	"r"	将输入变量放入 eax、ebx、ecx、esl、edi中的一个
	"A"	把 eax 和 edx 合成一个64位的寄存器（use long longs）
内存	"m"	内存变量
	"o"	操作数为内存变量，但是其寻址方式是偏移量类型
	"v"	操作数为内存变量，但寻址方式不是偏移量类型
	"."	操作数为内存变量，但寻址方式为自动增量
	"p"	操作数是一个合法的内存址（指针）
寄存器或内存	"g"	将输入变量放入 eax、ebx、ecx、edx中的一个或者作为内存变量
	"x"	操作数可以是任何类型

续表

分类	限定符	描述
立即数	"i"	0～31之间的立即数（用于32位移位指令）
	"J"	0～63之间的立即数（用于64位移位指令）
	"N"	0～255之间的立即数（用于out指令）
	"l"	立即数
	"n"	立即数，有些系统不支持除字以外的立即数，这些系统应该使用"n"
操作数类型	"="	操作数在指令中是只写的（输出操作作）
	"+"	操作数在指令中是读写类型的（输入输出操作数）
浮点数	"f"	浮点数
	"t"	第一个浮点寄存器
	"u"	第二个浮点寄存器
	"G"	标准的80387浮点常数
	%	该操作数可以和下一个操作数交换位置

如下代码给出一个示例。

```
int main(void)
{
    int input, output, temp;

    input=1;
    __asm__ __volatile__ ("movl $0,%%eax;\n\t"
            "movl%%eax,%1;\n\t"
            "movl%2,% %eax;\n\t"
            "movl%%eax,%0;\n\t"
            :"=m"(output), "=m"(temp)
            :"t"(input)
            :"eax");
    printf("%d%d\n,temp,output);
    return 0;
}
```

示例代码中依次定义了 input、output 和 temp 这 3 个整型变量。

"movl $0, %eax"，也就是把 EAX 寄存器的值为 0。

"movl %eax, %1"，%1 是 temp，也就是把 0 赋给 temp。

"movl %2, %eax"，是把 input 的值赋给 EAX 寄存器。

"movl %eax, %0" 是把 EAX 寄存器的值赋给 input，也就是 1。

用 "=m" 修饰 output 表示只写输出到内存，用 "=m" 修饰 temp 表示只写输出到内存。"r" 修饰 input，表示将输入变量 input 放入通用寄存器，也就是 EAX、EBX、ECX、EDX、ESI、EDI 中的一个，编译器自动选择一个通用寄存器进行存储。

破坏描述部分 "eax"，表示 EAX 寄存器会被改动，分析 temp 和 output 的输出结果：temp 是 0，output 是 1。所以程序打印的结果是 "0 1"。

4.3.3　C 代码中嵌入汇编代码触发一个系统调用

有了内嵌汇编的知识就可以用汇编方式触发系统调用获取系统当前时间，time-asm.c 的源代码如下：

```
#include <stdio.h>
#include <time.h>
int main()
{
    time_t tt;//int型数值
    struct tm *t;
    asm volatile(
        "mov $0,%%ebx\n\t"//系统调用传递第一个参数使用EBX寄存器为0
        "mov $0xd,%%eax\n\t"//使用%eax传递系统调用号13，用16进制为0xd
        "int $0x80\n\t"  //触发系统调用
        "mov %%eax,%0\n\t"//通过EAX寄存器返回系统调用值
      :"=m"(tt)
    );
    t = localtime(&tt);
    printf("time:%d:%d:%d:%d:%d:%d:\n",t->tm_year+1900,t->tm_mon,t->tm_mda,t->tm_hour,t->tm_min,t->tm_sec);
    return 0;
}
编译:  gcc time-asm.c -o time-asm -m32
运行:  ./time-asm
```

这里除了 "tt = time(NULL);" 一句用内嵌汇编代替外，与前述的 "使用库函数 API 触发一个系统调用" 中的代码完全一样，内嵌汇编代码中依次如下。

"mov $0,%%ebx"，把 EBX 寄存器清 0。

"mov $0xd,%%eax"，把 0xd 放到了 EAX 寄存器里面，EAX 寄存器用于传递系统调用号，这里十六进制的 d 是 13，所以系统调用号是 13。

"int $0x80" 是触发系统调用陷入内核执行 13 号系统调用的内核处理函数，具体的内核处理过程我们会在下一章详细分析。

"mov %%eax,%0"，系统调用会有一个返回值，通过 EAX 寄存器返回，我们把 EAX 寄存器的值放到 tt 变量中。

这样使用内嵌汇编完成了触发 13 号系统调用 time，并将该系统调用的返回值输出到内存变量 tt 中。

接下来的代码与前述小节的内容相同，都是使用 localtime 库函数将 tt 转换成可读的格式并输出。请读者自己执行代码后观察执行效果是否一样，如果没有差错，执行效果与前述小节是完全一样的。这段代码让我们更清楚地看到用户态进程通过系统调用的方式陷入内核态之前具体做了什么，具体来说它传递了系统调用号，还有通过 EBX 寄存器传递参数。首先就是给 EBX 寄存器赋值，它是一个参数，第二个是系统调用号，之后是 int 指令。系统调用执行完以后，返回值存储在 EAX 寄存器中，把 EAX 寄存器的值放到 tt 变量中即完成了 C 代码中嵌入汇编代码触发 13 号系统调用 time。

4.3.4　含两个参数的系统调用范例

再来看含有两个参数的系统调用 rename，它在内核中的系统调用处理函数为 sys_rename()，系统调用号为 38，内核中的系统调用处理函数原型为：

```
asmlinkage long sys_rename(const char __user *oldname,const char __user *newname);
```

它的功能是给一个文件重命名，这里我们的具体目标是实现将 hello.c 文件重新命名 newhello.c，返回值为 0 表示修改成功。

还是先使用库函数 API 触发 rename 系统调用，代码如图 4-5 所示。

接下来就要写嵌入式汇编代码触发 rename 系统调用了，代码如图 4-6 所示。

现在有两个参数 oldname 和 newname，所以需要考虑该往哪个寄存器里传值。还记得之前所说的参数按顺序依次赋给 EBX、ECX、EDX、ESI、EDI、EBP 吗？所以，oldname 是第一个传给 EBX 寄存器的参数，newname 是第二个传给 ECX 寄存器的参数。因为参数是字符串，所以实际传递的是指针变量。

图4-5　C语言调用rename系统调用

图4-6　汇编语言调用rename系统调用

把系统调用号 38（16 进制是 0x26）存入 EAX 寄存器，将 oldname 存入 EBX 寄存器，将 newname 存入 ECX 寄存器，通过执行 int $0x80 来执行系统调用陷入内核态。system_call 根据传入的系统调用号在系统调用列表中查找到对应的系统调用内核函数，然后根据 EBX 寄存器和 ECX 寄存器中保存的参数调用内核函数 sys_rename，执行完后将执行结果存放到 EAX 寄存器中，将 EAX 寄存器的值传给 ret。其中，system_call 这个具体系统调用处理过程将在下一章详细介绍，这里先大致了解。

下面进一步加深对输出或者输入部分限定符的理解。如果将 "=a" 换成 "=m"，读者

77

思考会出现什么结果。

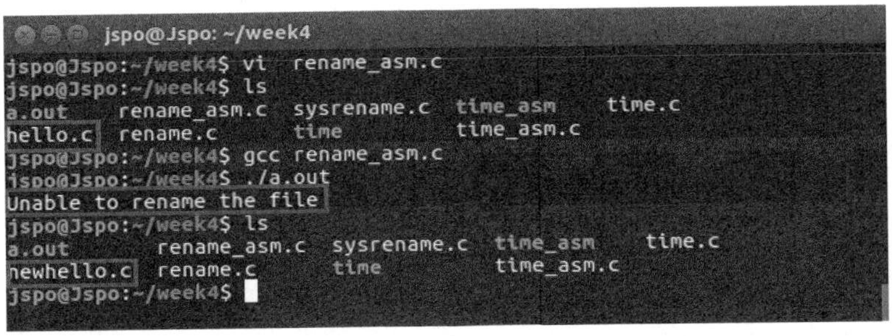

图4-7　测试运行

如图 4-7 所示，可以看到 hello.c 确实变成了 newhello.c，却显示没有修改成功。hello.c 变成 newhello.c，表示确实执行了 sys_rename，返回值 0 保存在 EAX 寄存器中。显示修改失败是指 ret 不等于 0。这里 ret 的限定符是 m，即 ret 是内存变量。要想使 ret 为 0，是不是需要先将 EAX 寄存器的 0 值传给它？请读者增加代码 "movl %%eax,%0" 试一试吧！完整内嵌汇编如下：

```
asm volatile(
        "movl %2,%%ecx\n\t"
        "movl %1,%%ebx\n\t"
        "movl $0x26,%%eax\n\t"
        "int $0x80\n\t"
        "movl %%eax,%0"
        :"=m"(ret)
        :"b"(oldname),"c"(newname)
                    );
```

4.3.5　通用的触发系统调用的库函数 syscall

API 方法实现系统调用实现非常便捷，只需知道函数原型即可，有很好的代码可移植性。但是，如果 libc 没有提供对某个系统调用的封装，那就无法通过此方法来调用内核函数。试想一下，如果内核增加了一个新的系统调用，但 libc 函数库的版本没有及时更新为其编写 API 函数，那么该如何进行系统调用呢？我们可以利用 libc 提供的 syscall 函数直接调用，如图 4-8 所示。函数原型为：

```
extern long int syscall(long int sysno,...) __THROW
```

其中 sysno 是系统调用号，"..." 是系统调用所带的参数。下面以 rename 为例来看代码实现。

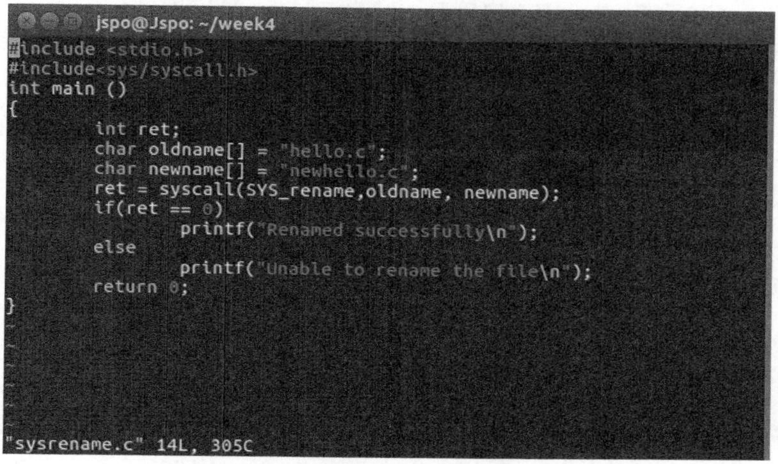

图4-8　syscall测试

这里将 SYS_rename 改为 38 也可以实现。

4.4　单元测试题

1.　单选题

（1）在 Linux 中，用户态切换到内核态时，int 指令不会保存下面哪项？（　　　）

A．用户态堆栈顶地址

B．当时的状态字

C．当时的 CS:EIP 值

D．当时的中断向量

（2）针对 API xyz，Linux 中系统调用的三层机制不包括哪一项？（　　　）

A．API xyz

B．中断服务程序 system_call

C．系统调用内核处理函数 sys_xyz

D．中断返回程序 ret_from_sys_call

（3）在 Linux 中，系统调用号是使用（　　　）寄存器传递的。

A．EAX　　　　　　B．EBX　　　　　　C．ECX　　　　　　D．EDX

2.　判断题

（1）Intel x86 CPU 有 4 种不同的执行级别，Linux 使用 3 级表示内核态。（　　　）

（2）在 32 位 CPU 的 Linux 中，内核态下只能访问 0xc0000000 以上的地址空间。（ ）

（3）在 Linux 中，为了方便程序员编程，API 和系统调用是一一对应的。   （ ）

（4）在 Linux 中可以通过执行 int $128 来执行系统调用。   （ ）

3．简答题

在 Linux 中，如何将 API xyz() 和系统调用内核处理函数 sys_xyz() 关联起来？

4.5 实验

二维码18

选择一个系统调用（本书举例的 13 和 38 号系统调用除外），系统调用列表见/linux-3.18.6/arch/x86/syscalls/syscall_32.tbl（见二维码 18），使用库函数 API 和 C 代码中嵌入汇编代码两种方式使用同一个系统调用。

实验要求

（1）根据所学知识分析系统调用的工作过程。

（2）仔细分析汇编代码调用系统调用的工作过程，特别是参数的传递方式等。

（3）总结部分需要阐明自己对"系统调用的工作机制"的理解。

第**5**章

系统调用的三层机制（下）

第 4 章重点从用户态来研究系统调用，本章将进一步深入内核系统调用处理过程，以便完整地理解系统调用的工作机制。

5.1　给 MenuOS 增加命令

在第 4 章中，读者可以选择不同的系统调用去研究怎么使用，以及如何用汇编代码来触发这个系统调用。在本书配套的视频课程作业互评中，读者可以看到其他学员选的系统调用是怎么工作的。相信读者在分析和理解 Linux 内核的过程中，自己的系统理解能力和编程能力也有一定的提高，并掌握了很多技能。本章将讲解在内核态跟踪调试一个系统调用，进一步分析系统调用的内核处理过程。

本章需要把第 4 章的两个实验集成到 MenuOS 系统中，将其作为 MenuOS 系统的两个命令，如图 5-1 所示。实际上作者已经给读者集成好了，读者需要用 rm -rf menu 强制删除当前的 menu 目录，然后用 git clone 重新克隆一个新版本的 menu。新版本的 menu 中已经把上一章做的两个系统调用添加进去了。进入 menu，作者提供了一个脚本 rootfs，运行 make rootfs 脚本就可以自动编译并自动生成根文件系统，还可以运行 MenuOS 系统。此外还对 MenuOS 做了一些改进：如果不输入任何信息，按回车键，不会输出任何信息，不像之前会输出错误信息；读者输入 help 命令可以发现，现在支持的命令比之前多了；本版的 MenuOS 还升级了 version 命令，使其输出新的版本 MenuOS V1.0。

```
rm -rf menu
git clone https://github.com/mengning/menu.git # 见二维码13
make rootfs
```

除了上述的内容之外，本次还增加了两个命令：一个是 time，功能是显示系统时间；

另一个命令是 time-asm，功能是使用汇编方式来显示系统时间。

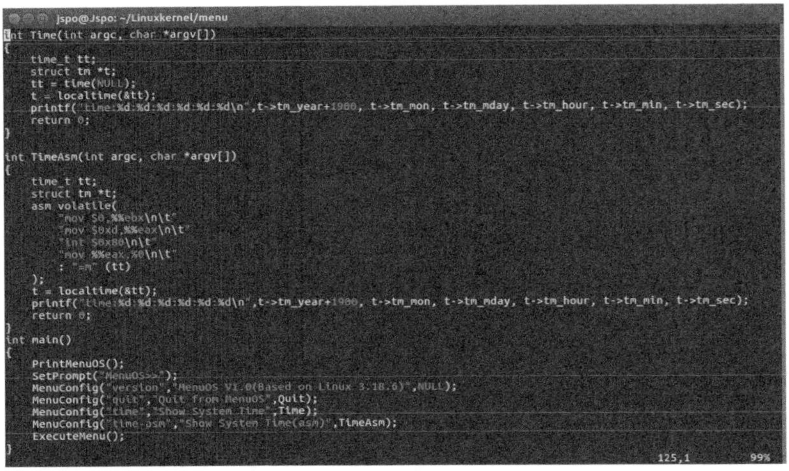

图5-1　把第4章实现的系统调用增加到改进后的MenuOS中

要理解如何具体实现 MenuOS 功能的拓展，需要把上一章实现的系统调用增加到改进后的 MenuOS 中，并知道要怎么去增加系统调用。实现起来还是比较简单的，首先看 test.c 里面，从 main()开始读，里面只增加了两行代码，一个是 MenuConfig("time")，另一个是 MenuConfig ("time-asm")。这两者对应的是两个函数，内容和第 4 章的完全一样。如果要给 MenuOS 增加新的命令，只需要使用 MenuConfig 命令即可。

读者可以用 make rootf 打开 menu 镜像，操作完成后可以看到 MenuOS 菜单中新增了两条命令，如图 5-2 所示。

图5-2　MenuOS菜单

5.2 使用 gdb 跟踪系统调用内核函数 sys_time

实践中需要调试跟踪 time 命令所用到的系统调用内核处理函数。假设这个 time 系统调用是自己写的，可以用如下方式调试内核。

```
cd .. # 返回到LinuxKernel目录下
qemu -kernel linux-3.18.6/arch/x86/boot/bzImage -initrd rootfs.img -S -s
```

用上述命令启动内核。在进行 gdb 调试前，先启动 gdb，把 3.18.6 的内核加载进来，之后连接到 target remote 1234。操作完成后，就连接到了需要调试的 MenuOS。如果读者对命令或实验环境背景不熟悉，请参考 3.2 节和 3.3 节的内容。

接下来就可以设置断点了，比如之前练习过的 start_kernel。如在 gdb 中按 c 会在设置断点的 start_kernel 处停下来，停下来后可以用 list 查看这段代码。time 系统调用是 13 号系统调用对应的内核处理函数，即 sys_time。接下来就可以在这里用 b sys_time 设置一个断点。启动 MenuOS 后执行 time 命令，程序会停到 sys_time 这个函数的位置，time 命令执行到一半将卡在那里。gdb 调试也可以看到 Breakpoint 在 linux-3.18.6/kernel/time/time.c 中的这个文件。因为是用宏来实现的，所以无法直接看到 sys_time，但相信读者能理解它在编译预处理后最终是 sys_time 函数的形式。详情请查阅 SYSCALL_DEFINE1 宏的具体实现。

通过 list 命令列出了 sys_time 对应的代码如图 5-3 所示。如果单步执行，会进入 get_seconds()所在的 linux-3.18.6/kernel/time/timekeeping.c 文件。读者可以用 gdb 的 finish 命令

图5-3 设置断点sys_time

把这个函数全部执行完后，再单步执行，一直到 return i，获得的就是当前系统时间 time 的数值。如果继续单步执行，会出现 "cannot find bounds of current function"。这里的代码会有一点特殊，gdb 不好调试，因为这时会返回到 system_call 位置的汇编代码，完成恢复现场并返回到用户态触发系统调用的位置。

为了理解这一部分，读者可以再设置一个断点，当执行 int 0x80 时，实际上 CPU 会自动跳转到 system_call 函数，所以读者可以直接把断点设置到 system_call。system_call 的实

二维码19

现位于 linux-3.18.6/arch/x86/kernel/entry_32.S#490（见二维码 19），是汇编代码。但在 MenuOS 中执行 time-asm 命令时，它还是停在了原先设定的 sys_time 这个位置，在 system_call 这个位置它并不能停下。如果能停下来，读者一条一条执行汇编指令来看运行的过程就更好了，但是gdb 不支持这么调试。因为 system_call 不是一个正常的函数，下面来分析如下 system_call 代码片段，它是一段特殊的汇编代码，只能调试系统调用的内核函数和其他内核函数的处理过程，但 gdb 不能跟踪 entry_32.s 这个汇编代码。

```
490ENTRY(system_call)
491    RING0_INT_FRAME          # can't unwind into user space anyway
492    ASM_CLAC
493    pushl_cfi %eax           # save orig_eax
494    SAVE_ALL
495    GET_THREAD_INFO(%ebp)
496                    # system call tracing in operation / emulation
497    testl $_TIF_WORK_SYSCALL_ENTRY,TI_flags(%ebp)
498    jnz syscall_trace_entry
499    cmpl $(NR_syscalls), %eax
500    jae syscall_badsys
501syscall_call:
502    call *sys_call_table(,%eax,4)
503syscall_after_call:
504    movl %eax,PT_EAX(%esp)       # store the return value
505syscall_exit:
506    LOCKDEP_SYS_EXIT
507    DISABLE_INTERRUPTS(CLBR_ANY)    # make sure we don't miss an interrupt
508                        # setting need_resched or sigpending
509                        # between sampling and the iret
510    TRACE_IRQS_OFF
511    movl TI_flags(%ebp), %ecx
512    testl $_TIF_ALLWORK_MASK, %ecx   # current->work
513    jne syscall_exit_work
```

```
514
515restore_all:
516    TRACE_IRQS_IRET
517restore_all_notrace:
518#ifdef CONFIG_X86_ESPFIX32
519    movl PT_EFLAGS(%esp), %eax    # mix EFLAGS, SS and CS
520    # Warning: PT_OLDSS(%esp) contains the wrong/random values if we
521    # are returning to the kernel.
522    # See comments in process.c:copy_thread() for details.
523    movb PT_OLDSS(%esp), %ah
524    movb PT_CS(%esp), %al
525    andl $(X86_EFLAGS_VM | (SEGMENT_TI_MASK << 8) | SEGMENT_RPL_MASK), %eax
526    cmpl $((SEGMENT_LDT << 8) | USER_RPL), %eax
527    CFI_REMEMBER_STATE
528    je ldt_ss                    # returning to user-space with LDT SS
529#endif
530restore_nocheck:
531    RESTORE_REGS 4               # skip orig_eax/error_code
532irq_return:
533    INTERRUPT_RETURN
```

在 linux-3.18.6/arch/x86/kernel/entry_32.S#490（见二维码 19）中，读者可以找到 entry (system_call)，如上代码片段。搜索 system_call 可以发现 system_call 还有一个函数原型声明，但它并不是一个普通的函数，只是一段汇编代码的起点，且内部没有严格遵守函数调用堆栈机制，所以 gdb 不能完成跟踪执行过程的任务。在 5.3 节中，作者将仔细分析这段特殊的汇编代码的执行过程，它也是理解整个 Linux 运作机制的关键代码，因为系统调用作为一种特殊的中断，它的执行过程可以类推到其他中断信号触发的中断服务处理过程。

5.3　系统调用在内核代码中的处理过程

前几节主要跟踪了一个系统调用 time，其中涉及系统调用对应的中断处理过程 system_call，接下来将仔细分析 system_call 作为一个中断服务程序的来龙去脉。

这里仍以 time 为例来简要梳理，在用户态使用系统调用 time，通过 gdb 跟踪到内核里面的系统调用处理函数 sys_time，其中比较重要的代码是触发一个系统调用到执行这个系统调用的内核处理函数，到最后系统调用返回到用户态。其中关键部分的 system_call 这段代码是不太好调试的，但是它对读者理解操作系统运行机制是非常重要的。另外，这部分代码涉及了一个常见的进程调度时机，把握进程调度时机对理解操作系统运行机制特别关键。

接下来仔细分析 system_call 函数的处理过程，如图 4-4 所示，请读者回顾 system_call 函数处理过程。

5.3.1　中断向量 0x80 和 system_call 中断服务程序入口的关系

在用户态中有一个系统调用 xyz()，xyz()系统调用库函数里面用了 SYSCALL（本书以 32 位 x86 为例，即为 int 0x80 汇编语句）来触发系统调用，其中中断向量 0x80 对应 system_call 中断服务程序入口，下面来看系统调用机制在内核中是如何初始化的。

在 3.1 节中介绍的 start_kernel 函数里调用的 trap_init 函数，trap_init 函数中调用了 set_system_

二维码20

trap_gate 函数，/linux-3.18.6/arch/x86/kernel/traps.c#838（见二维码 20）文件中 trap_init 函数中的一段代码如下。其中有系统调用的中断向量 0x80 和 system_call 中断服务程序入口的函数指针，system_call 被声明为一个函数，其实是一段汇编代码的入口。这里通过 set_system_trap_gate 函数绑定了中断向量 0x80 和 system_call 中断服务程序入口之后，一旦执行 int 0x80，CPU 就直接跳转到 system_call 这个位置来执行。即系统调用的工作机制在 start_kernel 里初始化好之后，CPU 一旦执行到 int 0x80 指令就会立即跳转到 system_call 的位置。这里我们先这样简单理解，后续章节还会仔细分析 int 指令执行或中断信号发生时，CPU 具体做了什么工作。

```
838#ifdef CONFIG_X86_32
839    set_system_trap_gate(SYSCALL_VECTOR, &system_call);
840    set_bit(SYSCALL_VECTOR, used_vectors);
841#endif
```

二维码21

有关 set_system_trap_gate 函数如何绑定中断向量 0x80 和 system_call 中断服务程序入口的内容，感兴趣的读者可以进一步跟踪分析。因为涉及 CPU 内部关于中断向量和中断服务程序入口存储的细节，容易使人迷失方向，所以这里就不展开分析了。另外这段代码中的 SYSCALL_VECTOR 是系统调用的中断向量 0x80，具体可以在 /linux-3.18.6/arch/x86/include/asm/irq_vectors.h#49（见二维码 21）中查看 SYSCALL_VECTOR 的值，如

下是 0x80。

```
49#define IA32_SYSCALL_VECTOR          0x80
50#ifdef CONFIG_X86_32
51# define SYSCALL_VECTOR              0x80
52#endif
```

以上说明解释了从 xyz()系统调用库函数内部触发系统调用陷入内核态之后为什么能开始执行 system_call 中断服务程序入口这段汇编代码。

5.3.2 在 system_call 汇编代码中的系统调用内核处理函数

需要再次强调的是，system_call 中断服务程序入口这段汇编代码的处理过程是非常重要的，下面来详细分析。在 5.2 节的最后，已经给出了这段汇编代码的主体部分，但对于复杂代码我们不建议顺序阅读，因为涉及太多细节，会使读者面对问题望而却步，最终迷失在代码之中。这里建议读者带着问题去读代码，通过解决问题来加深对代码的理解，而与问题无关的部分可以暂时搁置。

首先提出一个问题：在 system_call 中哪个位置调用了 sys_time()？即具体到本章和前一章所述的 time 系统调用，哪里调用了系统调用处理函数 sys_time？读者可以通过阅读 time 系统调用相关的代码来尝试解决这个问题，但是为了更具有一般性，这里依然使用图 4-4 中 system_call 函数处理过程中的 xyz()和 sys_xyz()来分析。

前面已经介绍过 int 0x80 和 system_call 是通过中断向量匹配起来的，而系统调用用户态接口和系统调用的内核处理函数是通过系统调用号匹配起来的。

system_call 这一段代码就是系统调用的处理过程，系统调用是一个特殊一点的中断（或称之为软中断），所有其他中断处理过程和这个 system_call 类似。比如中断过程中都有保护现场和恢复现场，这段代码里面一样也有保存现场 SAVE_ALL 和恢复现场 restore_all 的过程。

这段代码相对比较复杂，读者只需要关注要解决的问题。比如代码中的 sys_call_table 是一个系统调用的表，EAX 寄存器传递的系统调用号，使用者在调用它时会根据 EAX 寄存器值来调用对应的系统调用内核处理函数。再比如 EAX 寄存器是 13，即在调用完 sys_time 之后需要先保存它的返回值，在退出之前根据需要有一个 syscall_exit_work，如果没有，则恢复现场并 iret 返回用户态。值得注意的是，一旦进入 syscall_exit_work，里面就会有一个进程调度时机，这也是最常见的进程调度时机。

system_call 有几百行代码，看上去很复杂，这里将它简化并加上注释以便于读者理解。

```
ENTRY(system_call)
    RING0_INT_FRAME
    ASM_CLAC
    pushl_cfi %eax              # 保存系统调用号
    SAVE_ALL                    # 保存现场，将用到的所有CPU寄存器保存到栈中
    GET_THREAD_INFO(%ebp)       # ebp用于存放当前进程thread_info结构的地址
```

```
        testl $_TIF_WORK_SYSCALL_ENTRY,TI_flags(%ebp)
        jnz syscall_trace_entry
    cmpl $(nr_syscalls), %eax           # 检查系统调用号（系统调用号应小于NR_syscalls）
        jae syscall_badsys              # 不合法，跳入异常处理
    syscall_call:
        call *sys_call_table(,%eax,4)   # 通过系统调用号在系统调用表中找到相应的系统调用内核处理函
    数，比如sys_time
        movl %eax,PT_EAX(%esp)          # 保存返回值到栈中
    syscall_exit:
        testl $_TIF_ALLWORK_MASK, %ecx      # 检查是否有任务需要处理
        jne syscall_exit_work           # 需要，进入 syscall_exit_work,这里是最常见的进程调度时机
    restore_all:
        TRACE_IRQS_IRET                 # 恢复现场
    irq_return:
        INTERRUPT_RETURN                # iret
```

从 entry(system_call)开始看这段代码，根据系统调用号来查 sys_call_table 表中的位置，调用系统调用对应的处理函数，在 syscall_exit 里面判断当前的任务是否需要处理 syscall_exit_work，进入 syscall_exit_work，这是最常见的进程调度时机点。

下面来解释 sys_call_table(,%eax,4)，因为分派表中的每个表项占 4 个字节，所以先把系统调用号（EAX 寄存器）乘以 4，再加上 sys_call_table 分派表的起始地址，即得到系统调用号对应的系统调用内核处理函数的指针。sys_call_table 分派表是由一段脚本根据 linux-3.18.6/arch/x86/syscalls/syscall_32.tbl 来自动生成的，所以读者可能无法直接找到 sys_call_table 分派表初始化代码。有兴趣的读者可以参考 linux-3.18.6/arch/x86/syscalls/目录下的代码来分析 sys_call_table 分派表的来龙去脉。

5.3.3　整体上理解系统调用的内核处理过程

如上所述的经过简化和注释的代码相对比较清晰，但其中忽略了很多细节，只保留了比较关键的信息。比如忽略了在系统调用返回之前有可能会发生的进程调度，当前进程有可能会有一些进程间通信的信号发生，需要处理当前的 sig，这些也被简化了。读者可以结合图 5-4 中的 system_call 流程图并对照实际的代码来理解。当一个系统调用发生时，进入内核处理这个系统调用，系统调用的内核服务程序在服务结束返回到用户态之前，可能会发生进程调度。在进程调度中会发生进程上下文的切换，这是一个连贯的过程。读者在理解后可以把内核抽象成很多种不同的中断处理过程和内核服务线程的集合，后续章节还会仔细分析进程调度时机和进程上下文的切换。

如图 5-4 所示，system_call 流程示意图中涉及 syscall_exit_work 内部处理的一些关键点，

大致的过程是 syscall_exit_work 需要跳转到 work_pending，里面有 work_notifysig 处理信号。还有 work_resched 是需要重新调度的，这里是进程调度的时机点 call schedule，调度完之后就会跳转到 restore_all，恢复现场返回系统调用到用户态。详细代码摘录如下，完整代码见 /linux-3.18.6/arch/x86/kernel/entry_ 32.S#593（见二维码 22）。

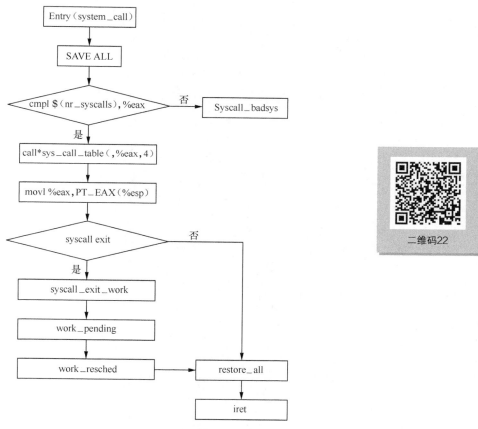

图5-4   system_call流程示意图

```
593 work_pending:
594     testb $_TIF_NEED_RESCHED, %cl
595     jz work_notifysig
596 work_resched:
597     call schedule
598     LOCKDEP_SYS_EXIT
599     DISABLE_INTERRUPTS(CLBR_ANY)        # make sure we don't miss an interrupt
600                                          # setting need_resched or sigpending
```

89

```
601                              # between sampling and the iret
602    TRACE_IRQS_OFF
603    movl TI_flags(%ebp), %ecx
604    andl $_TIF_WORK_MASK, %ecx    # is there any work to be done other
605                       # than syscall tracing?
606    jz restore_all
607    testb $_TIF_NEED_RESCHED, %cl
608    jnz work_resched
609
610 work_notifysig:                  # deal with pending signals and
611                       # notify-resume requests
612 #ifdef CONFIG_VM86
613    testl $X86_EFLAGS_VM, PT_EFLAGS(%esp)
614    movl %esp, %eax
615    jne work_notifysig_v86        # returning to kernel-space or
616                       # vm86-space
617 1:
618 #else
619    movl %esp, %eax
620 #endif
621    TRACE_IRQS_ON
622    ENABLE_INTERRUPTS(CLBR_NONE)
623    movb PT_CS(%esp), %bl
624    andb $SEGMENT_RPL_MASK, %bl
625    cmpb $USER_RPL, %bl
626    jb resume_kernel
627    xorl %edx, %edx
628    call do_notify_resume
629    jmp resume_userspace
630
631 #ifdef CONFIG_VM86
632    ALIGN
633 work_notifysig_v86:
634    pushl_cfi %ecx                # save ti_flags for do_notify_resume
635    call save_v86_state          # %eax contains pt_regs pointer
636    popl_cfi %ecx
637    movl %eax, %esp
638    jmp 1b
639 #endif
640 END(work_pending)
641
642    # perform syscall exit tracing
643    ALIGN
```

```
644 syscall_trace_entry:
645     movl $-ENOSYS,PT_EAX(%esp)
646     movl %esp, %eax
647     call syscall_trace_enter
648     /* What it returned is what we'll actually use.  */
649     cmpl $(NR_syscalls), %eax
650     jnae syscall_call
651     jmp syscall_exit
652 END(syscall_trace_entry)
653
654     # perform syscall exit tracing
655     ALIGN
656 syscall_exit_work:
657     testl $_TIF_WORK_SYSCALL_EXIT, %ecx
658     jz work_pending
659     TRACE_IRQS_ON
660     ENABLE_INTERRUPTS(CLBR_ANY)    # could let syscall_trace_leave() call
661                        # schedule() instead
662     movl %esp, %eax
663     call syscall_trace_leave
664     jmp resume_userspace
665 END(syscall_exit_work)
```

最后总结一下，有了简化后的 system_call 处理过程伪代码和对应的流程图之后，就有了一个简单的框架。读者从系统调用处理过程的入口开始，可以看到 SAVE_ALL 保存现场，然后找到 syscall_call 和 sys_call_table。call *sys_call_table(,%eax,4)就是调用了系统调用的内核处理函数，之后 restore_all 和最后有一个 INTERRUPT_RETURN(iret)用于恢复现场并返回系统调用到用户态结束。在这个过程当中可能会执行 syscall_exit_work，里面有 work_pending，其中的 work_notifysig 是处理信号的。work_pending 里还有可能调用 schedule，这是一个非常关键的部分，它是进程切换的代码，后续章节会详细分析。

5.4　单元测试题

1．判断题

（1）gdb 中的单步跟踪命令有 next 和 step，这两个命令的区别是 next 遇到函数调用时，会进入相关函数代码。　　　　　　　　　　　　　　　　　　　　　　（　　）

（2）使用 gdb 调试 MenuOS 的 time 命令时，若希望在 time 系统调用的内核处理函数处停下来，可以使用 b time 设定断点。　　　　　　　　　　　　　　　　（　　）

2．简答题

（1）在 32 位 x86 Linux 系统中，系统调用处理过程的最后一条汇编指令是什么？

（2）在 Linux 内核中，系统调用处理过程中保护现场使用的宏是什么？

5.5　实验

分析 system_call 中断处理过程。

实验要求

（1）使用 gdb 跟踪分析一个系统调用内核函数（请读者选择上一章实验您选择的那个系统调用），系统调用列表见/linux-3.18.6/arch/x86/syscalls/syscall_32.tbl（见二维码 18）。

（2）根据本章所学知识分析系统调用的完整处理过程，了解从 system_call 开始到 iret 结束的整个过程。

（3）仔细分析 system_call 对应的汇编代码的工作过程，特别注意系统调用返回 iret 之前的进程调度时机。

（4）总结自己对"系统调用处理过程"的理解，进一步推广到一般的中断处理过程。

第 **6** 章

进程的描述和进程的创建

前面两章对系统调用的机制做了深入分析，本章将专门研究一个特殊的系统调用 fork，即进程的创建。在分析进程的创建之前需要理解进程是如何描述的，因此本章围绕进程的描述和进程创建来展开，为读者进一步理解操作系统中最重要的进程管理功能做铺垫。

6.1 进程的描述

操作系统内核实现操作系统的三大管理功能，即进程管理、内存管理和文件系统，对应操作系统原理课程中最重要的 3 个抽象概念是进程、虚拟内存和文件。其中，操作系统内核中最核心的功能是进程管理。谈到进程管理就要涉及一个问题：进程是怎样描述的？进程的描述有提纲挈领的作用，它可以把内存管理、文件系统、信号、进程间通信等概念和内容串起来。Linux 内核中的进程是非常复杂的，在操作系统原理中，我们通过进程控制块 PCB 描述进程。为了管理进程，内核要描述进程的结构，我们也称其为进程描述符，进程描述符提供了进程相关的所有信息。

在 Linux 内核中用一个数据结构 struct task_struct 来描述进程，如下代码摘录了 struct task_struct 数据结构的一部分，具体见/linux-3.18.6/include/linux/sched.h#1235（见二维码 23）。

二维码23

```
struct task_struct {
    volatile long state;     /* -1 unrunnable, 0 runnable, >0 stopped */

    void *stack;

    atomic_t usage;

    unsigned int flags;      /* per process flags, defined below */
```

```
        unsigned int ptrace;

        ...

    }
```

　　struct task_struct 的数据结构非常庞大，struct task_struct 的 state 是进程状态，stack 是堆栈等，大概有 400 多行代码。因为涉及的内容过于庞杂，我们可以通过如图 6-1 所示的进程描述符的结构示意图从总体上看清 struct task_struct 的结构关系，比如进程的状态、进程双向链表的管理，以及控制台 tty、文件系统 fs 的描述、进程打开文件的文件描述符 files、内存管理的描述 mm，还有进程间通信的信号 signal 的描述等。

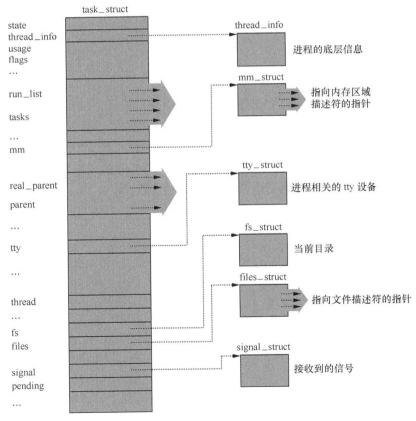

图6-1　进程描述符的结构示意图

可以把整个进程描述符抽象为如图 6-1 所示的结构示意图，但是还需要仔细了解一下这个结构所涵盖的各个部分。

首先来看 Linux 进程的状态与在操作系统原理中的进程状态有什么不同。操作系统原理中的进程有就绪态、运行态、阻塞态这 3 种基本状态，实际的 Linux 内核管理的进程状态与这 3 个状态是很不一样的。如图 6-2 所示为 Linux 内核管理的进程状态转换图。

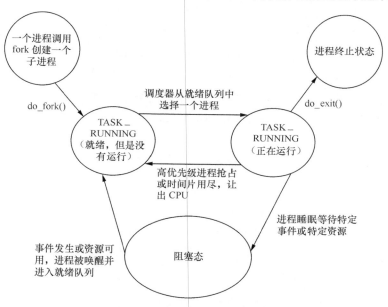

图6-2　Linux内核管理的进程状态转换图

当使用 fork()系统调用来创建一个新进程时，新进程的状态是 TASK_RUNNING（就绪态，但是没有在运行）。当调度器选择这个新创建的进程运行时，新创建的进程就切换到运行态，它也是 TASK_RUNNING。为什么操作系统原理中就绪态和运行态两个状态在 Linux 内核中都是相同的 TASK_RUNNING 状态呢？也就是说，在 Linux 内核中，当进程是 TASK_RUNNING 状态时，它是可运行的，也就是就绪态，是否在运行取决于它有没有获得 CPU 的控制权，也就是说这个进程有没有在 CPU 中实际执行。如果在 CPU 中实际执行了，进程状态就是运行态；如果被内核调度出去了，在等待队列里就是就绪态。这和在操作系统原理中介绍的内容有些许不一样，需要读者注意分辨原理与实现的细节差异。

对于一个正在运行的进程，调用用户态库函数 exit()会陷入内核执行该内核函数 do_exit()，也就是终止进程，那么会进入 TASK_ZOMBIE 状态，即进程的终止状态。TASK_ZOMBIE

状态的进程一般叫作僵尸进程，Linux 内核会在适当的时候把僵尸进程给处理掉，处理掉之后进程描述符被释放了，该进程才从 Linux 系统里消失。

一个正在运行的进程在等待特定的事件或资源时会进入阻塞态。阻塞态也有两种：TASK_INTERRUPTIBLE 和 TASK_UNINTERRUPTIBLE。TASK_INTERRUPTIBLE 状态是可以被信号和 wake_up()唤醒的，当信号到来时，进程会被设置为 TASK_RUNNING（就绪态，但是没有在运行），而 TASK_UNINTERRUPTIBLE 只能被 wake_up()唤醒。如果事件发生或者资源可用，进程被唤醒并被放到运行队列上（操作系统原理的说法应该是就绪队列）。如果阻塞的条件没有了，就进入就绪态，调度器选择到它时就进入运行态。这和操作系统原理中本质上是一样的。下面具体来看 Linux 内核中描述的所有的进程状态如下代码片段，完整代码见/linux-3.18.6/include/linux/ sched.h#203（见二维码 24）。

二维码24

```
193 /*
194  * Task state bitmask. NOTE! These bits are also
195  * encoded in fs/proc/array.c: get_task_state().
196  *
197  * We have two separate sets of flags: task->state
198  * is about runnability, while task->exit_state are
199  * about the task exiting. Confusing, but this way
200  * modifying one set can't modify the other one by
201  * mistake.
202  */
203 #define TASK_RUNNING         0
204 #define TASK_INTERRUPTIBLE 1
205 #define TASK_UNINTERRUPTIBLE   2
206 #define __TASK_STOPPED       4
207 #define __TASK_TRACED        8
208 /* in tsk->exit_state */
209 #define EXIT_DEAD           16
210 #define EXIT_ZOMBIE         32
211 #define EXIT_TRACE          (EXIT_ZOMBIE | EXIT_DEAD)
212 /* in tsk->state again */
213 #define TASK_DEAD           64
214 #define TASK_WAKEKILL          128
215 #define TASK_WAKING         256
216 #define TASK_PARKED         512
217 #define TASK_STATE_MAX         1024
```

进程除了状态比较重要之外，还有进程的标识符 PID。在进程描述符中用 pid 和 tgid

标识进程，见/linux-3.18.6/include/linux/sched.h#1330（见二维码25）。

二维码25

```
1330    pid_t pid;
1331    pid_t tgid;
```

前面描述了 Linux 内核的进程描述符中比较关键的部分，下面把这个进程描述符 struct task_struct 的数据结构简单浏览一下，比如 state 是运行状态，stack 是进程的堆栈等。CONFIG_SMP 条件编译是多处理器时用到的，不在本书讨论的范围内。接下来还有很多条件编译，大多数条件编译都是可选项非核心内容，我们可以先忽略，接下来选择一些关键点来仔细分析。

用于管理进程数据结构的双向链表 struct list_head tasks 是一个很关键的进程链表。

二维码26

```
1295    struct list_head tasks;
```

struct list_head 数据结构具体内容如下，见/linux-3.18.6/include/linux/types.h#186（见二维码26）。

```
186 struct list_head {
187    struct list_head *next, *prev;
188 };
```

struct list_head tasks 把所有的进程用双向链表链起来，如图 6-3 所示为进程的双向链表示意图，是一个双向链表，把所有的进程用双向循环链表链起来，就会发现这个数据结构非常重要。

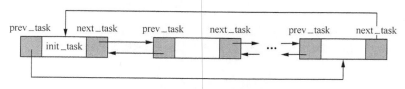

图6-3　进程的双向链表示意图

如上内容只简单介绍了进程描述符的大致结构，本章后续内容在用到进程描述符时会进一步介绍进程描述符对应的具体内容。

6.2　进程的创建

通过对进程描述符的介绍，读者应该了解了进程描述符的内容、状态转换和双向链表管理，下面来从头梳理进程创建的源头和过程。

6.2.1　0 号进程的初始化

图 6-3 的双向链表示意图中双向链表的第一个节点为 init_task，读者在完成 3.3 节分析 start_kernel 时应该会注意到 Linux 内核第一个进程的初始化，见/linux- 3.18.6/init/main.c#510（见二维码 27）。

二维码27

```
510    set_task_stack_end_magic(&init_task);
```

其中，init_task 为第一个进程（0 号进程）的进程描述符结构体变量，它的初始化是通过硬编码方式固定下来的。除此之外，所有其他进程的初始化都是通过 do_fork 复制父进程的方式初始化的。如下为 init_task 进程描述符的初始化代码片段，见/linux-3.18.6/init/init_task.c#18（见二维码 28）。

二维码28

```
17 /* Initial task structure */
18 struct task_struct init_task = INIT_TASK(init_task);
19 EXPORT_SYMBOL(init_task);
```

其中的 INIT_TASK 宏定义摘录如下，见/linux-3.18.6/include/linux/init_task.h#173（见二维码 29）。

二维码29

```
169 /*
170  *  INIT_TASK is used to set up the first task table, touch at
171  * your own risk!. Base=0, limit=0x1fffff (=2MB)
172  */
173 #define INIT_TASK(tsk)                                    \
174 {                                                         \
175     .state          = 0,                                  \
176     .stack          = &init_thread_info,                  \
177     .usage          = ATOMIC_INIT(2),                     \
178     .flags          = PF_KTHREAD,                         \
179     .prio           = MAX_PRIO-20,                        \
180     .static_prio    = MAX_PRIO-20,                        \
181     .normal_prio    = MAX_PRIO-20,                        \
182     .policy         = SCHED_NORMAL,                       \
183     .cpus_allowed   = CPU_MASK_ALL,                       \
184     .nr_cpus_allowed= NR_CPUS,                            \
...
194     .tasks          = LIST_HEAD_INIT(tsk.tasks),         \
195     INIT_PUSHABLE_TASKS(tsk)                          \   \
```

```
196      INIT_CGROUP_SCHED(tsk)                                    \
197      .ptraced        = LIST_HEAD_INIT(tsk.ptraced),           \
198      .ptrace_entry   = LIST_HEAD_INIT(tsk.ptrace_entry),      \
199      .real_parent    = &tsk,                                   \
200      .parent         = &tsk,                                   \
201      .children       = LIST_HEAD_INIT(tsk.children),          \
202      .sibling        = LIST_HEAD_INIT(tsk.sibling),           \
203      .group_leader   = &tsk,                                   \
204      RCU_POINTER_INITIALIZER(real_cred, &init_cred),          \
205      RCU_POINTER_INITIALIZER(cred, &init_cred),               \
206      .comm           = INIT_TASK_COMM,                        \
207      .thread         = INIT_THREAD,                           \
208      .fs             = &init_fs,                              \
209      .files          = &init_files,                           \
210      .signal         = &init_signals,                         \
211      .sighand        = &init_sighand,                         \
212      .nsproxy        = &init_nsproxy,                         \
213      .pending        = {                                      \
214          .list = LIST_HEAD_INIT(tsk.pending.list),           \
215          .signal = {{0}}},                                    \
216      .blocked        = {{0}},                                 \
...
240 }
```

从如上两段代码片段中可以非常明显地看到 0 号进程的初始化，即对进程描述符的结构体变量 init_task 进行了初始化赋值。

6.2.2 内存管理相关代码

回到进程的描述符 struct task_struct 数据结构，内存管理相关的代码如下：

```
1301    struct mm_struct *mm, *active_mm;
```

mm 和 active_mm 是和进程地址空间、内存管理相关的数据结构指针。每个进程都有若干个数据段、代码段、堆栈段等，它们都是由这个数据结构统领起来的。为了便于抓住 Linux 内核中最核心的工作机制，本书不会仔细分析物理地址和逻辑地址怎样转换、分段分页内存管理单元 MMU 具体怎么工作等，而是将进程的地址空间简化为每个进程都有独立的逻辑地址空间。对于 32 位 x86 体系结构来说是 4GB 进程地址空间，具体进程地址空间中如何分段分页以及转换成物理地址，我们不去深究。感兴趣的读者可以沿着 struct mm_struct 数据结构进一步分析内存管理部分的代码。

6.2.3 进程之间的父子、兄弟关系

进程描述符通过 struct list_head tasks 双向链表来管理所有进程，但涉及将进程之间的父子、兄弟关系记录管理起来，情况就比较复杂了。进程的描述符 struct task_struct 数据结构中的如下代码记录了当前进程的父进程 real_parent、parent，记录当前进程的子进程的是双向链表 struct list_head children；记录当前进程的兄弟进程的是双向链表 struct list_head sibling。下面摘录了部分涉及进程关系的代码，并进一步梳理了进程的父子、兄弟关系。

```
1337    /*
1338     * pointers to (original) parent process, youngest child, younger sibling,
1339     * older sibling, respectively.  (p->father can be replaced with
1340     * p->real_parent->pid)
1341     */
1342    struct task_struct __rcu *real_parent; /* real parent process */
1343    struct task_struct __rcu *parent; /* recipient of SIGCHLD, wait4() reports */
1344    /*
1345     * children/sibling forms the list of my natural children
1346     */
1347    struct list_head children;     /* list of my children */
1348    struct list_head sibling;       /* linkage in my parent's children list */
1349    struct task_struct *group_leader;   /* threadgroup leader */
```

上述代码描述了进程的父子、兄弟关系。如图 6-4 所示，为进程的父子、兄弟关系示意图。

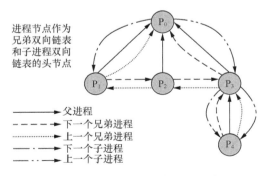

图6-4 进程的父子、兄弟关系示意图

在图 6-4 中，P0 有 3 个儿子 P1、P2、P3，P1 有两个兄弟，P3 还有一个儿子。这些父子、兄弟之间复杂的链表关系都通过指针或双向链表关联起来了，这样设计数据结构是为

了方便在内核代码中快速获取当前进程的父子、兄弟进程的信息。

6.2.4 保存进程上下文中 CPU 相关的一些状态信息的数据结构

在第 2 章中介绍 mykernel 时定义了一个 thread，是用来保存进程上下文中 CPU 相关的一些状态信息的数据结构。在 Linux 内核中也有与之相似的数据结构，那就是 struct thread_struct。struct thread_struct 在进程描述符中定义的结构体变量 thread 如下：

```
1411/* CPU-specific state of this task */
1412  struct thread_struct thread;
```

这个 struct thread_struct 数据结构内部的东西还比较多，其中最关键的是 sp 和 ip。在 x86-32 位系统中，sp 用来保存进程上下文中的 ESP 寄存器状态，ip 用来保存进程上下文中的 EIP 寄存器状态，当然数据结构中还有很多其他和 CPU 相关的状态。在第 2 章中介绍的 mykernel 项目中定义了 PCB，其中就有 sp 和 ip，也是模仿这个数据结构简化而来的。struct thread_struct 数据结构完整摘录如下，见/linux-3.18.6/arch/x86/include/asm/processor.h#468（见二维码 30）。

二维码30

```
468 struct thread_struct {
469     /* Cached TLS descriptors: */
470     struct desc_struct      tls_array[GDT_ENTRY_TLS_ENTRIES];
471     unsigned long           sp0;
472     unsigned long           sp;
473 #ifdef CONFIG_X86_32
474     unsigned long           sysenter_cs;
475 #else
476     unsigned long           usersp;     /* Copy from PDA */
477     unsigned short          es;
478     unsigned short          ds;
479     unsigned short          fsindex;
480     unsigned short          gsindex;
481 #endif
482 #ifdef CONFIG_X86_32
483     unsigned long           ip;
484 #endif
485 #ifdef CONFIG_X86_64
486     unsigned long           fs;
487 #endif
488     unsigned long           gs;
489     /* Save middle states of ptrace breakpoints */
```

```
490     struct perf_event*ptrace_bps[HBP_NUM];
491     /* Debug status used for traps, single steps, etc... */
492     unsigned long          debugreg6;
493     /* Keep track of the exact dr7 value set by the user */
494     unsigned long          ptrace_dr7;
495     /* Fault info: */
496     unsigned long          cr2;
497     unsigned long          trap_nr;
498     unsigned long          error_code;
499     /* floating point and extended processor state */
500     struct fpu          fpu;
501 #ifdef CONFIG_X86_32
502     /* Virtual 86 mode info */
503     struct vm86_struct __user *vm86_info;
504     unsigned long          screen_bitmap;
505     unsigned long          v86flags;
506     unsigned long          v86mask;
507     unsigned long          saved_sp0;
508     unsigned int          saved_fs;
509     unsigned int          saved_gs;
510 #endif
511     /* IO permissions: */
512     unsigned long          *io_bitmap_ptr;
513     unsigned long          iopl;
514     /* Max allowed port in the bitmap, in bytes: */
515     unsigned          io_bitmap_max;
516     /*
517      * fpu_counter contains the number of consecutive context switches
518      * that the FPU is used. If this is over a threshold, the lazy fpu
519      * saving becomes unlazy to save the trap. This is an unsigned char
520      * so that after 256 times the counter wraps and the behavior turns
521      * lazy again; this to deal with bursty apps that only use FPU for
522      * a short time
523      */
524     unsigned char fpu_counter;
525 };
```

以上 struct thread_struct 数据结构主要保存进程上下文中 CPU 相关的状态，在进程切换时起着很重要的作用。

另外，进程描述符中还有和文件系统相关的数据结构、打开的文件描述符，有和信号处理相关以及和 pipe 管道相关的等。由于涉及太多代码细节，篇幅所限不再一一详述。

我们大致了解了进程描述符的数据结构，数据结构中的链表关系比较复杂，想要从整体上理解它还是需要一些想象力的。其中，进程状态、堆栈、保存进程上下文 CPU 状态的 thread（ip 和 sp 等）是比较关键的，另外还有文件系统、信号、内存、进程空间等，这些在进程描述符里面有相应的结构体变量或指针，包含或指向其中的具体内容。如果读者需要研究 Linux 内核的某一部分的特定内容，进程描述符可以起到提纲挈领的作用。进程描述符为我们进一步深入研究 Linux 内核提供了基础，下面可以进一步了解系统的某一方面。比如进程是怎么创建起来的，在系统中可以按相同的方式创建好多个进程，这就需要理解进程之间如何调度切换等，逐渐理解整个系统的工作机制，最终我们就能从整体上准确把握 Linux 内核的运作机制。

6.2.5　进程的创建过程分析

实际上进程创建的过程还是相当复杂的。本书前面分析过 start_kernel，这里 rest_init 通过 kernel_thread 创建了两个内核线程：一个是 kernel_init，最终把用户态的进程 init 给启动起来；另一个是 kthreadd 内核线程。kthreadd 内核线程是所有内核线程的祖先，负责管理所有内核线程。这个 kernel_thread 创建进程的过程和 shell 命令行下启动一个进程时创建进程的过程在本质上是一样的，都要通过复制父进程来创建一个子进程。在系统启动时，除了前述 0 号进程的初始化过程是我们手工编码创建的之外，1 号 init 进程的创建实际上是复制 0 号进程。根据 1 号进程的需要修改了进程 pid 等，然后再加载一个 init 可执行程序，本书后续章节会具体介绍加载可执行程序的过程。同样地，2 号 kthreadd 内核线程也是通过复制 0 号进程来创建的。

具体进程的创建大概就是把当前进程的描述符等相关进程资源复制一份，从而产生一个子进程，并根据子进程的需要对复制的进程描述符做一些修改，然后把创建好的子进程放入运行队列（操作系统原理中的就绪队列）。在进程调度时，新创建的子进程处于就绪状态有机会被调度执行。那么问题来了，既然子进程是复制的父进程，那么子进程是从哪里开始执行的呢？这对理解整个系统来讲就比较关键。这么想起来好像很复杂，"天下难事必作于易"，接下来我们先从简单的开始讲起。

1. 用户态创建进程的方法

我们一般使用 Shell 命令行来启动一个程序，其中首先是创建一个子进程。但是由于 Shell 命令行程序比较复杂，为了便于理解，本书简化了 Shell 命令行程序，用如下一小段代码的程序来看怎样在用户态创建一个子进程。

```
#include <stdio.h>
#include <stdlib.h>
#include <unistd.h>

int main(int argc, char * argv[])
{
    int pid;
    /* fork another process */
    pid = fork();
    if (pid < 0)
    {
        /* error occurred */
        fprintf(stderr,"Fork Failed!");
        exit(-1);
    }
    else if (pid == 0)
    {
        /* child process */
        printf("This is Child Process!\n");
    }
    else
    {
        /* parent process  */
        printf("This is Parent Process!\n");
        /* parent will wait for the child to complete*/
        wait(NULL);
        printf("Child Complete!\n");
    }
}
```

在如上代码中，库函数 fork 是用户态创建一个子进程的系统调用。对于判断 fork 函数的返回值，初学者可能会很迷惑，因为 fork 在正常执行后，if 条件判断中除了 if (pid < 0) 异常处理没被执行，else if (pid == 0)和 else 两段代码都被执行了，这看起来确实匪夷所思。

实际上 fork 系统调用把当前进程又复制了一个子进程，也就一个进程变成了两个进程，两个进程执行相同的代码，只是 fork 系统调用在父进程和子进程中的返回值不同。可是从 Shell 终端输出的两个进程的输出信息是混合在一起的，会让人误以为 if 语句的执行产生了错误。其实是 if 语句在两个进程中各执行了一次，由于判断条件不同，输出的信息也就不同。父进程没有打破 if else 的条件分支的结构，在子进程里面也没有打破这个结构，只是在 Shell 命令行下好像两个都输出了，在执行时好像打破了，实际上背后是两个进程。fork 之后，父子进程的执行顺序和调度算法密切相关，多次执行如图 6-5 所示的代码，可以看到执行顺序并不是确定的。

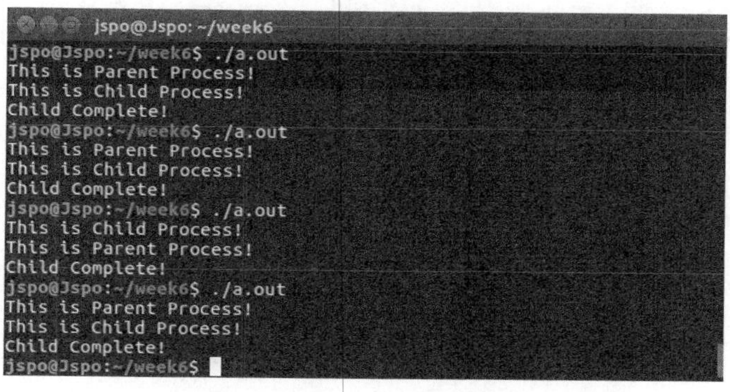

图6-5 父子进程的执行顺序和调度算法密切相关

通过这一段 fork 代码程序，我们可以在用户态创建一个子进程。一个进程就是一条系统调用 fork，只要像前述章节一样追踪这个 fork 系统调用，就能进一步分析和理解进程创建的过程。当然，fork 要比我们之前分析的系统调用要复杂一些。

首先来回顾系统调用是怎样工作的，并讨论创建进程和其他常见的系统调用有哪些不同。

2. fork 系统调用概览

在正常触发系统调用时，用户态有一个 int $0x80 指令触发中断机制，跳转到汇编代码 system_call。int $0x80 触发中断机制把当前进程用户态的堆栈 SS:ESP、CS:EIP 和 EFLAGS 都压栈到当前进程的内核堆栈中，陷入内核态 CPU 自动保存与转换堆栈。从用户态堆栈转换到内核态堆栈，然后把相应的 CPU 关键的现场 SS:ESP、CS:EIP 和 EFLAGS 保存到内核堆栈，这是由 CPU 自动完成的。int $0x80 接下来执行到 system_call 的位置，system_call 这段汇编代码用于保存现场、执行系统调用内核处理函数、系统调用处理完之后返回、恢复现场。最后 iret 将 CPU 关键现场 SS:ESP、CS:EIP 和 EFLAGS 从内核堆栈中恢复到对应寄存器中，并回到用户态 int $0x80 之后的下一条指令的位置继续执行。这是本书前述章节介绍过的系统调用的大致处理过程。

fork 也是一个系统调用，和前述一般的系统执行过程大致是一样的。尤其从父进程的角度来看，fork 的执行过程与前述描述完全一致，但问题是：fork 系统调用创建了一个子进程，子进程复制了父进程中所有的进程信息，包括内核堆栈、进程描述符等，子进程作为一个独立的进程也会被调度，当子进程获得 CPU 开始运行时，它是从哪里开始运行的呢？从用户态空间来看，就是 fork 系统调用的下一条指令。但 fork 系统调用在子进程当中也是返回的，也就是说 fork 系统调用在内核里面变成了父子两个进程，父进程正常 fork 系统调用返回到用户态，fork 出来的子进程也要从内核里返回到用户态。那么对于子进程来讲，fork 系统调用在内核处理程序中是从何处开始执行的呢？一个新创建的子进程是从哪行代码开始执行的，这是一个关键问题。下面带着这个问题来仔细分析 fork 系统调用的内核处理过程，相信读者会更深入地理解 Linux 内核源代码。

二维码31

如下代码是创建进程相关的几个系统调用内核处理函数，具体代码见/linux-3.18.6/kernel/fork.c#1693（见二维码 31）。

```
1693 /*
1694  * Create a kernel thread.
1695  */
1696 pid_t kernel_thread(int (*fn)(void *), void *arg, unsigned long flags)
1697 {
1698   return do_fork(flags|CLONE_VM|CLONE_UNTRACED, (unsigned long)fn,
1699         (unsigned long)arg, NULL, NULL);
1700 }
1701
1702 #ifdef __ARCH_WANT_SYS_FORK
1703 SYSCALL_DEFINE0(fork)
1704 {
1705 #ifdef CONFIG_MMU
1706   return do_fork(SIGCHLD, 0, 0, NULL, NULL);
1707 #else
1708   /* can not support in nommu mode */
1709   return -EINVAL;
1710 #endif
1711 }
1712 #endif
1713
1714 #ifdef __ARCH_WANT_SYS_VFORK
1715 SYSCALL_DEFINE0(vfork)
1716 {
1717   return do_fork(CLONE_VFORK | CLONE_VM | SIGCHLD, 0,
1718             0, NULL, NULL);
1719 }
```

```
1720 #endif
1721
1722 #ifdef __ARCH_WANT_SYS_CLONE
1723 #ifdef CONFIG_CLONE_BACKWARDS
1724 SYSCALL_DEFINE5(clone, unsigned long, clone_flags, unsigned long, newsp,
1725          int __user *, parent_tidptr,
1726          int, tls_val,
1727          int __user *, child_tidptr)
1728 #elif defined(CONFIG_CLONE_BACKWARDS2)
1729 SYSCALL_DEFINE5(clone, unsigned long, newsp, unsigned long, clone_flags,
1730          int __user *, parent_tidptr,
1731          int __user *, child_tidptr,
1732          int, tls_val)
1733 #elif defined(CONFIG_CLONE_BACKWARDS3)
1734 SYSCALL_DEFINE6(clone, unsigned long, clone_flags, unsigned long, newsp,
1735          int, stack_size,
1736          int __user *, parent_tidptr,
1737          int __user *, child_tidptr,
1738          int, tls_val)
1739 #else
1740 SYSCALL_DEFINE5(clone, unsigned long, clone_flags, unsigned long, newsp,
1741          int __user *, parent_tidptr,
1742          int __user *, child_tidptr,
1743          int, tls_val)
1744 #endif
1745 {
1746    return do_fork(clone_flags, newsp, 0, parent_tidptr, child_tidptr);
1747 }
1748 #endif
```

通过上面的代码可以看出 fork、vfork 和 clone 这 3 个系统调用和 kernel_thread 内核函数都可以创建一个新进程，而且都是通过 do_fork 函数来创建进程的，只不过传递的参数不同。

我们如果从用户态追踪到内核态，并从代码抽象出创建进程的过程是很难的，涉及太多代码细节。怎样跨越这个难点呢？方法是要求读者设想内核应该会怎么样创建一个进程，然后根据设想在代码中找出证据，再用 gdb 跟踪验证，并不断修正设想。

3. 进程创建的主要过程

下面先看如何正确建立一个进程的框架。我们前面了解了创建一个进程是复制当前进程的信息，就是 fork 一个进程，这样就创建了一个新进程。因为父进程和子进程的绝大部分信息是完全一样的，但是有些信息是不能一样的，比如 pid 的值和内核堆栈。还有将新进程链接到各种链表中，要保存进程执行到哪个位置，有一个 thread 数据结构记录 ip 和 sp 等信息也不能一样，否则会发生问题。读者可以想象出来这个框架，父进程创建一个子进程，应该会有一个地方复制了父进程的进程描述符 task_struct 结构体变量，并有很多地方来修改复制出来的进程描述符 task_struct 结构体变量。因为父子进程各自都有很多自己独立的个性，子进程应该有很多地方修改内核堆栈里的信息，因为内核堆栈里的很多数据是从父进程复制来的，而 fork 系统调用在父子进程中分别返回到用户态，父子进程的内核堆栈中可能某些信息也不完全一样。还有 thread，根据子进程复制的父进程的内核堆栈的状况，肯定要设定好 EIP 和 ESP 寄存器，即设定好子进程开始执行的位置。

需要特别说明的是，fork 一个子进程的过程中，复制父进程的资源时采用了 Copy On Write（写时复制）技术，不需要修改进程资源，父子进程是共享内存存储空间的。

有了这个框架思路之后，就可以追踪具体代码执行过程，找到这个框架思路中需要了解的相关信息。

因为从前述代码中可以看出 fork、vfork 和 clone 这 3 个系统调用和 kernel_thread 内核函数都是通过 do_fork 函数来创建进程的。为了避免重复，在此就不再赘述触发 fork 系统调用的过程，而直接从 do_fork 来跟踪分析代码，具体代码见/linux-3.18.6/kernel/fork.c#1617（见二维码 32）。

二维码32

```
1617 /*
1618  *  Ok, this is the main fork-routine.
1619  *
1620  * It copies the process, and if successful kick-starts
1621  * it and waits for it to finish using the VM if required.
1622  */
1623 long do_fork(unsigned long clone_flags,
1624         unsigned long stack_start,
1625         unsigned long stack_size,
1626         int __user *parent_tidptr,
1627         int __user *child_tidptr)
1628 {
1629   struct task_struct *p;
1630   int trace = 0;
1631   long nr;
1632
1633   /*
1634    * Determine whether and which event to report to ptracer.  When
```

```
1635        * called from kernel_thread or CLONE_UNTRACED is explicitly
1636        * requested, no event is reported; otherwise, report if the event
1637        * for the type of forking is enabled.
1638        */
1639       if (!(clone_flags & CLONE_UNTRACED)) {
1640             if (clone_flags & CLONE_VFORK)
1641                   trace = PTRACE_EVENT_VFORK;
1642             else if ((clone_flags & CSIGNAL) != SIGCHLD)
1643                   trace = PTRACE_EVENT_CLONE;
1644             else
1645                   trace = PTRACE_EVENT_FORK;
1646
1647             if (likely(!ptrace_event_enabled(current, trace)))
1648                   trace = 0;
1649       }
1650
1651       p = copy_process(clone_flags, stack_start, stack_size,
1652                   child_tidptr, NULL, trace);
1653       /*
1654        * Do this prior waking up the new thread - the thread pointer
1655        * might get invalid after that point, if the thread exits quickly.
1656        */
1657       if (!IS_ERR(p)) {
1658             struct completion vfork;
1659             struct pid *pid;
1660
1661             trace_sched_process_fork(current, p);
1662
1663             pid = get_task_pid(p, PIDTYPE_PID);
1664             nr = pid_vnr(pid);
1665
1666             if (clone_flags & CLONE_PARENT_SETTID)
1667             put_user(nr, parent_tidptr);
1668
1669             if (clone_flags & CLONE_VFORK) {
1670                   p->vfork_done = &vfork;
1671                   init_completion(&vfork);
1672                   get_task_struct(p);
1673             }
1674
1675             wake_up_new_task(p);
```

```
1676
1677            /* forking complete and child started to run, tell ptracer */
1678            if (unlikely(trace))
1679                    ptrace_event_pid(trace, pid);
1680
1681            if (clone_flags & CLONE_VFORK) {
1682                    if (!wait_for_vfork_done(p, &vfork))
1683                            ptrace_event_pid(PTRACE_EVENT_VFORK_DONE, pid);
1684            }
1685
1686            put_pid(pid);
1687    } else {
1688            nr = PTR_ERR(p);
1689    }
1690    return nr;
1691 }
```

首先来了解 do_fork 函数的参数。

❑　clone_flags：子进程创建相关标志，通过此标志可以对父进程
　　的资源进行有选择的复制，各标志的定义见代码/linux3.18.6/
　　include/uapi/linux/sched.h#4（见二维码 33）。

二维码33

```
4  /*
5   * cloning flags:
6   */
7 #define CSIGNAL        0x000000ff  /* signal mask to be sent at exit */
8 #define CLONE_VM 0x00000100  /* set if VM shared between processes */
9 #define CLONE_FS 0x00000200  /* set if fs info shared between processes */
10 #define CLONE_FILES    0x00000400  /* set if open files shared between processes */
11 #define CLONE_SIGHAND 0x00000800  /* set if signal handlers and blocked signals
shared */
12 #define CLONE_PTRACE   0x00002000  /* set if we want to let tracing continue on
the child too */
13 #define CLONE_VFORK    0x00004000  /* set if the parent wants the child to wake
it up on mm_release */
14 #define CLONE_PARENT   0x00008000  /* set if we want to have the same parent as
the cloner */
15 #define CLONE_THREAD   0x00010000  /* Same thread group? */
16 #define CLONE_NEWNS    0x00020000  /* New mount namespace group */
17 #define CLONE_SYSVSEM  0x00040000  /* share system V SEM_UNDO semantics */
18 #define CLONE_SETTLS   0x00080000  /* create a new TLS for the child */
```

```
19 #define CLONE_PARENT_SETTID 0x00100000    /* set the TID in the parent */
20 #define CLONE_CHILD_CLEARTID    0x00200000    /* clear the TID in the child */
21 #define CLONE_DETACHED          0x00400000    /* Unused, ignored */
22 #define CLONE_UNTRACED          0x00800000    /* set if the tracing process can't
force CLONE_PTRACE on this clone */
23 #define CLONE_CHILD_SETTID  0x01000000    /* set the TID in the child */
24 /* 0x02000000 was previously the unused CLONE_STOPPED (Start in stopped state)
25    and is now available for re-use. */
26 #define CLONE_NEWUTS        0x04000000    /* New utsname group? */
27 #define CLONE_NEWIPC        0x08000000    /* New ipcs */
28 #define CLONE_NEWUSER       0x10000000    /* New user namespace */
29 #define CLONE_NEWPID        0x20000000    /* New pid namespace */
30 #define CLONE_NEWNET        0x40000000    /* New network namespace */
31 #define CLONE_IO            0x80000000    /* Clone io context */
```

❏ stack_start：子进程用户态堆栈的地址。

❏ regs：指向 pt_regs 结构体的指针。当系统发生系统调用时，int 指令和 SAVE_ALL 保存现场等会将 CPU 寄存器中的值按顺序压入内核栈。为了便于访问操作，这部分数据被定义为 pt_regs 结构体。

❏ stack_size：用户态栈的大小，通常是不必要的，总被设置为 0。

❏ parent_tidptr 和 child_tidptr：父进程、子进程用户态下的 pid 地址。

为了方便理解，下述为精简后的 do_fork 函数体关键代码，并添加了必要的中文注释：

```
struct task_struct *p;       //创建进程描述符指针
int trace = 0;
long nr;                     //子进程pid
...
p = copy_process(clone_flags, stack_start, stack_size,
            child_tidptr, NULL, trace);   //创建子进程的描述符和执行时所需的其他数据结构

if (!IS_ERR(p))                           //如果 copy_process 执行成功
      struct completion vfork;            //定义完成量（一个执行单元等待另一个执行单元完成某事）
      struct pid *pid;
      ...
      pid = get_task_pid(p, PIDTYPE_PID); //获得task结构体中的pid
      nr = pid_vnr(pid);                  //根据pid结构体中获得进程pid
      ...
      // 如果 clone_flags 包含 CLONE_VFORK 标志，就将完成量 vfork 赋值给进程描述符中的vfork_
done字段，此处只是对完成量进行初始化
```

111

```
        if (clone_flags & CLONE_VFORK) {
            p->vfork_done = &vfork;
            init_completion(&vfork);
            get_task_struct(p);
        }

        wake_up_new_task(p);  //将子进程添加到调度器的队列，使之有机会获得CPU

        /* forking complete and child started to run, tell ptracer */
        ...
        // 如果 clone_flags 包含 CLONE_VFORK 标志，就将父进程插入等待队列直到子进程调用exec函
数或退出，此处是具体的阻塞
        if (clone_flags & CLONE_VFORK) {
            if (!wait_for_vfork_done(p, &vfork))
                ptrace_event_pid(PTRACE_EVENT_VFORK_DONE, pid);
        }

        put_pid(pid);
    } else {
        nr = PTR_ERR(p);       //错误处理
    }
    return nr;                 //返回子进程pid（父进程的fork函数返回的值为子进程pid的原因）
}
```

　　do_fork()主要完成了调用 copy_process()复制父进程信息、获得 pid、调用 wake_up_new_task 将子进程加入调度器队列等待获得分配 CPU 资源运行、通过 clone_flags 标志做一些辅助工作，其中 copy_process()是创建一个进程内容的主要的代码。接下来分析 copy_process()函数是如何复制父进程的。

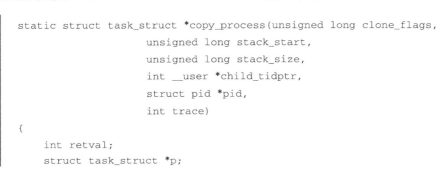

二维码34

　　如下的 copy_process()函数代码做了删减并添加了一些中文注释，完整代码见/linux-3.18.6/kernel/fork.c#1174（见二维码34）。

```
static struct task_struct *copy_process(unsigned long clone_flags,
                    unsigned long stack_start,
                    unsigned long stack_size,
                    int __user *child_tidptr,
                    struct pid *pid,
                    int trace)
{
    int retval;
    struct task_struct *p;
```

```
...
retval = security_task_create(clone_flags);//安全性检查
...
p = dup_task_struct(current);      //复制PCB，为子进程创建内核栈、进程描述符
ftrace_graph_init_task(p);
...

retval = -EAGAIN;
// 检查该用户的进程数是否超过限制
if (atomic_read(&p->real_cred->user->processes) >=
        task_rlimit(p, RLIMIT_NPROC)) {
    // 检查该用户是否具有相关权限，不一定是root
    if (p->real_cred->user != INIT_USER &&
        !capable(CAP_SYS_RESOURCE) && !capable(CAP_SYS_ADMIN))
        goto bad_fork_free;
}
...
// 检查进程数量是否超过 max_threads，后者取决于内存的大小
if (nr_threads >= max_threads)
    goto bad_fork_cleanup_count;

if (!try_module_get(task_thread_info(p)->exec_domain->module))
    goto bad_fork_cleanup_count;
...
spin_lock_init(&p->alloc_lock);            //初始化自旋锁
init_sigpending(&p->pending);             //初始化挂起信号
posix_cpu_timers_init(p);                 //初始化CPU定时器
...
retval = sched_fork(clone_flags, p);      //初始化新进程调度程序数据结构，把新进程的状态
设置为TASK_RUNNING，并禁止内核抢占
...
// 复制所有的进程信息
shm_init_task(p);
retval = copy_semundo(clone_flags, p);
...
  retval = copy_files(clone_flags, p);
...
  retval = copy_fs(clone_flags, p);
...
  retval = copy_sighand(clone_flags, p);
...
```

```
    retval = copy_signal(clone_flags, p);
...
    retval = copy_mm(clone_flags, p);
...
    retval = copy_namespaces(clone_flags, p);
...
    retval = copy_io(clone_flags, p);
...
    retval = copy_thread(clone_flags, stack_start, stack_size, p);// 初始化子进程内核栈
...
//若传进来的pid指针和全局结构体变量init_struct_pid的地址不相同，就要为子进程分配新的pid
if (pid != &init_struct_pid) {
    retval = -ENOMEM;
    pid = alloc_pid(p->nsproxy->pid_ns_for_children);
    if (!pid)
        goto bad_fork_cleanup_io;
}


...
p->pid = pid_nr(pid);     //根据pid结构体中获得进程pid
//若 clone_flags 包含 CLONE_THREAD标志，说明子进程和父进程在同一个线程组
if (clone_flags & CLONE_THREAD) {
    p->exit_signal = -1;
    p->group_leader = current->group_leader; //将线程组的leader设为子进程的组leader
    p->tgid = current->tgid;       //子进程继承父进程的tgid
} else {
    if (clone_flags & CLONE_PARENT)
        p->exit_signal = current->group_leader->exit_signal;
    else
        p->exit_signal = (clone_flags & CSIGNAL);
    p->group_leader = p;        //子进程的组leader就是它自己


    p->tgid = p->pid;          //组号tgid是它自己的pid
}


...

if (likely(p->pid)) {
    ptrace_init_task(p, (clone_flags & CLONE_PTRACE) || trace);
```

```
        init_task_pid(p, PIDTYPE_PID, pid);
        if (thread_group_leader(p)) {
            ...
            // 将子进程加入它所在组的散列链表中
            attach_pid(p, PIDTYPE_PGID);
            attach_pid(p, PIDTYPE_SID);
            __this_cpu_inc(process_counts);
        } else {
            ...
        }
        attach_pid(p, PIDTYPE_PID);
        nr_threads++;           //增加系统中的进程数目
    }
    ...
    return p;                   //返回被创建的子进程描述符指针P
    ...
}
```

copy_process 函数主要完成了调用 dup_task_struct 复制当前进程（父进程）描述符 task_struct、信息检查、初始化、把进程状态设置为 TASK_RUNNING（此时子进程置为就绪态）、采用写时复制技术逐一复制所有其他进程资源、调用 copy_thread 初始化子进程内核栈、设置子进程 pid 等。其中最关键的就是 dup_task_struct 复制当前进程（父进程）描述符 task_struct 和 copy_thread 初始化子进程内核栈。接下来具体看 dup_ task_struct 和 copy_thread。

二维码35

如下代码为经过删减并添加了一些中文注释后的 dup_task_struct 函数，完整代码见/linux-3.18.6/kernel/fork.c#305（见二维码35）。

```
static struct task_struct *dup_task_struct(struct task_struct *orig)
{
    struct task_struct *tsk;
    struct thread_info *ti;
    int node = tsk_fork_get_node(orig);
    int err;
    tsk = alloc_task_struct_node(node);     //为子进程创建进程描述符分配存储空间
    ...
    ti = alloc_thread_info_node(tsk, node); //实际上创建了两个页，一部分用来存放 thread_info,
另一部分就是内核堆栈
    ...
    err = arch_dup_task_struct(tsk, orig);  //复制父进程的task_struct信息
    ...
```

```
    tsk->stack = ti;                        // 将栈底的值赋给新结点的stack

    //对子进程的thread_info结构进行初始化(复制父进程的thread_info 结构，然后将 task 指针指向
子进程的进程描述符)
    setup_thread_stack(tsk, orig);
    ...
    return tsk;                             // 返回新创建的进程描述符指针
    ...
}
```

这里有必要解释一下 thread_info 结构，它被称为小型的进程描述符，内存区域大小是 8KB，占据连续的两个页框。该结构通过 task 指针指向进程描述符。thread_info 结构体代码如下，摘自/linux-3.18.6/arch/x86/include/asm/thread_info.h#26（见二维码 36）。

二维码36

```
26 struct thread_info {
27     struct task_struct      *task;              /* main task structure */
28     struct exec_domain      *exec_domain;       /* execution domain */
29     __u32                   flags;              /* low level flags */
30     __u32                   status;             /* thread synchronous flags */
31     __u32                   cpu;                /* current CPU */
32     int                     saved_preempt_count;
33     mm_segment_t            addr_limit;
34     struct restart_block    restart_block;
35     void __user             *sysenter_return;
36     unsigned int            sig_on_uaccess_error:1;
37     unsigned int            uaccess_err:1;      /* uaccess failed */
38 };
```

内核栈由高地址到低地址增长，thread_info 结构由低地址到高地址增长。内核通过屏蔽 ESP 寄存器的低 13 位有效位获得 thread_info 结构的基地址。内核栈、thread_info 结构、进程描述符之间的关系如图 6-6 所示。在较新的内核代码中，task_struct 结构中没有直接指向 thread_info 结构的指针，而是用一个 void 指针类型的成员表示，然后通过类型转换来访问 thread_info 结构。

内核栈和 thread_info 结构被定义在一个联合体当中，alloc_thread_info_node 分配的实则是一个联合体，既分配了 thread_info 结构，又分配了内核栈。thread_union 联合体定义如下，摘自/linux-3.18.6/include/linux/sched.h#2241（见二维码 37）。

二维码37

```
2241union thread_union {
2242   struct thread_info thread_info;
2243   unsigned long stack[THREAD_SIZE/sizeof(long)];
2244};
```

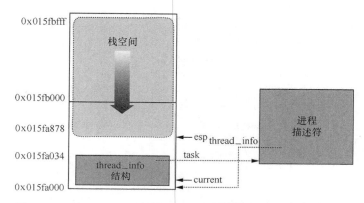

图6-6 内核栈、thread_info结构和进程描述符逻辑结构示意图

4．内核堆栈关键信息的初始化

上述 dup_task_struct 函数中为子进程分配好了内核栈，copy_thread 才能真正完成内核栈关键信息的初始化。如下为经过删减并添加了一些中文注释后的 copy_thread 函数代码，完整代码见/linux-3.18.6/arch/x86/kernel/process_32.c#132（见二维码38）。

二维码38

```
int copy_thread(unsigned long clone_flags, unsigned long sp,
    unsigned long arg, struct task_struct *p)
{


    struct pt_regs *childregs = task_pt_regs(p);
    struct task_struct *tsk;
    int err;

    p->thread.sp = (unsigned long) childregs;
    p->thread.sp0 = (unsigned long) (childregs+1);
    memset(p->thread.ptrace_bps, 0, sizeof(p->thread.ptrace_bps));


    if (unlikely(p->flags & PF_KTHREAD)) {
        /* kernel thread */
```

117

```
        memset(childregs, 0, sizeof(struct pt_regs));
        //如果创建的是内核线程，则从ret_from_kernel_thread开始执行
        p->thread.ip = (unsigned long) ret_from_kernel_thread;
        task_user_gs(p) = __KERNEL_STACK_CANARY;
        childregs->ds = __USER_DS;
        childregs->es = __USER_DS;
        childregs->fs = __KERNEL_PERCPU;
        childregs->bx = sp; /* function */
        childregs->bp = arg;
        childregs->orig_ax = -1;
        childregs->cs = __KERNEL_CS | get_kernel_rpl();
        childregs->flags = X86_EFLAGS_IF | X86_EFLAGS_FIXED;
        p->thread.io_bitmap_ptr = NULL;
        return 0;
    }

    //复制内核堆栈（复制父进程的寄存器信息，即系统调用int指令和SAVE_ALL压栈的那一部分内容）
    *childregs = *current_pt_regs();

    childregs->ax = 0;              //将子进程的eax置0，所以fork的子进程返回值为0
    ...
    //ip指向 ret_from_fork，子进程从此处开始执行
    p->thread.ip = (unsigned long) ret_from_fork;
    task_user_gs(p) = get_user_gs(current_pt_regs());
    ...
    return err;
```

如上代码对子进程开始执行的起点 ret_from_kernel_thread（内核线程）或 ret_from_fork（用户态进程），以及在子进程中 fork 系统调用的返回值等都给予了注释说明。

总结来说，进程的创建过程大致是复制进程描述符、一一复制其他进程资源（采用写时复制技术）、分配子进程的内核堆栈并对内核堆栈关键信息进行初始化。

5. 通过实验跟踪分析进程创建的过程

纸上得来终觉浅，下面通过做实验来跟踪分析进程创建的完整过程。

本书配套的实验已经完成了在 MenuOS 里面增加了一个命令 fork，如果读者认真完成了前面章节的实验，跟踪 fork 的处理过程的方法会比较简单。如图 6-7 所示，只需要删掉 menu，然后克隆一份新的，还要把 test.c 给覆盖掉。因为我们之前用过 test.c，所以直接用可能会有影响。menu 下面执行 make rootfs，编译运行出来就可以看到列表中增加

了一个 fork。图 6-8 所示为 MenuOS 的运行效果，执行 fork 即可看到父进程和子进程都输出信息了。

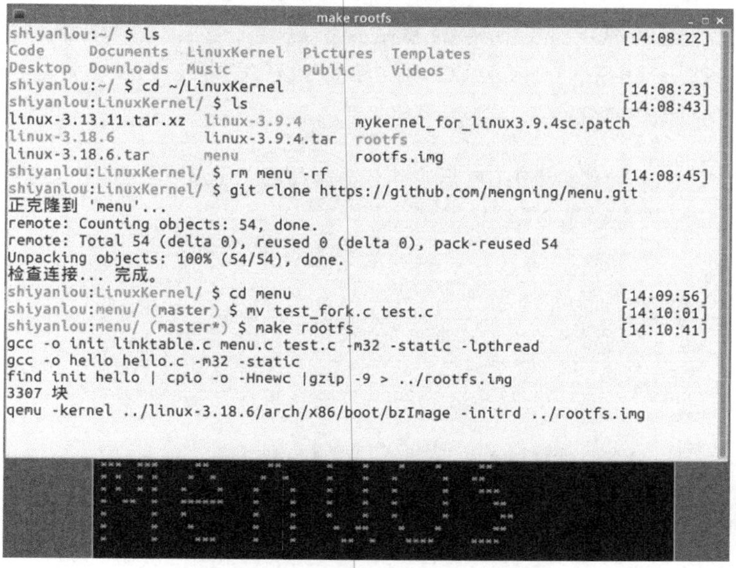

图6-7 在MenuOS中增加命令fork

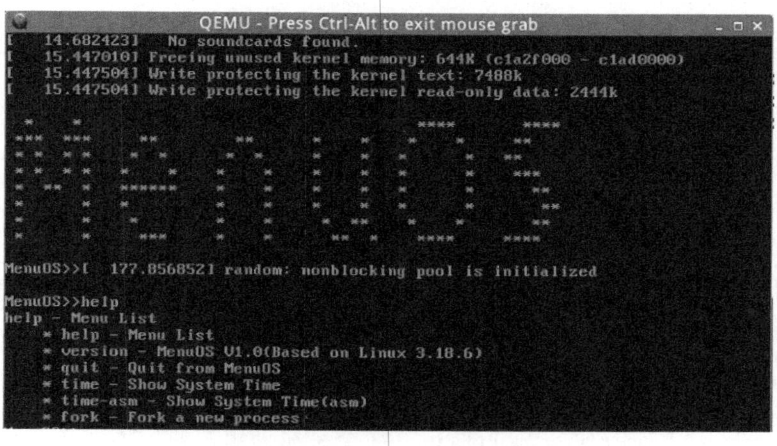

图6-8 MenuOS的运行效果

调试方法与前述的实验是一样的，首先需要设置几个断点。fork 实际上执行的就是 sys_clone，我们可以在 sys_clone、do_fork、dup_task_struct、copy_process、copy_thread、ret_from_fork 等处设置断点。

设定完断点后执行 fork，发现只输出了一个命令描述，后面并没有执行，而是停在了 sys_clone 这里。如果继续执行，会停在 do_fork 的位置，从 do_fork 继续执行，停在 copy_process，继续执行，停在 dup_task_struct 函数。进入 dup_task_struct 函数内部，将当前进程内核堆栈压的那一部分寄存器复制到子进程中，以及赋值子进程的起点。当子进程运行时跟踪到 ret_from_fork，单步逐句执行，仔细分析。涉及 system_call 的那段汇编代码可能会部分跟踪不到。

读者可以结合本书配套视频中的演示来实际跟踪这个过程，并验证结果，本书由于篇幅所限，只对实验过程简略介绍如上。

6.3　单元测试题

1．单选题

（1）在 Linux 中，PCB task_struct 中不包含哪个信息？（　　　）

A．进程状态　　　　　　　　　　　　B．进程打开的文件

C．进程优先级信息　　　　　　　　　D．进程包含的线程列表信息

（2）操作系统的三大管理功能不包括（　　　）。

A．进程管理　　　　B．内存管理　　　　C．驱动管理　　　　D．文件系统

2．判断题

（1）在 Linux 中，fork()系统调用具有"一次调用，两次返回"的特点，两次返回都是在调用 fork 的父进程中返回。　　　　　　　　　　　　　　　　　　　　　（　　　）

（2）在 MenuOS 中，使用 gdb 调试 fork 命令时，需要在内核中 sys_fork 处设置一个断点。　　　　　　　　　　　　　　　　　　　　　　　　　　　　　　　　（　　　）

（3）Linux 内核通过唯一的进程标识 PID 来区别每个进程。　　　　　　（　　　）

（4）在 Linux 中，fork、vfork 和 clone 这 3 个系统调用都通过调用 do_fork 来实现进程的创建。　　　　　　　　　　　　　　　　　　　　　　　　　　　　　（　　　）

（5）在 Linux 中，1 号进程是所有用户态进程的祖先，0 号进程是所有内核线程的祖先。　　　　　　　　　　　　　　　　　　　　　　　　　　　　　　　　　（　　　）

3．简答题

（1）在 Linux 中，fork()系统调用产生的子进程在系统调用处理过程中从何处开始执行？

（2）阅读理解 task_struct 数据结构/linux-3.18.6/include/linux/sched.h#1235（见二维码 23）。

（3）分析 fork 函数对应的内核处理过程 sys_clone，理解如何创建一个新进程，以及如何创建和修改 task_struct 数据结构。

（4）使用 gdb 跟踪分析一个 fork 系统调用内核处理函数 sys_clone，理解 Linux 系统创建新进程的过程。特别关注新进程是从哪里开始执行的？为什么能从那里顺利执行下去？即执行起点与内核堆栈如何保证一致。

第7章
可执行程序工作原理

理解了进程的描述和创建之后，自然会想到我们编写的可执行程序是如何作为一个进程工作的。这就涉及可执行文件的格式、编译、链接和装载等相关知识，本章将逐一进行讲解。

7.1 ELF 目标文件格式

7.1.1 ELF 概述

这里先提一个常见的名词"目标文件"，是指编译器生成的文件。"目标"指目标平台，例如 x86 或 x64，它决定了编译器使用的机器指令集。目标文件一般也叫作 ABI（Application Binary Interface，应用程序二进制接口），目标文件和目标平台是二进制兼容的。二进制兼容即指该目标文件已经是适应某一种 CPU 体系结构上的二进制指令。例如一个 32 位 x86 平台上编译出来的目标文件是无法链接成 ARM 平台上的可执行文件的，如需了解更多可参考二维码 39。

最古老的目标文件格式是 a.out，后来发展成 COFF 格式，现在常用的格式有 PE（Windows）和 ELF（Linux）。

二维码39

ELF（Executable and Linkable Format）即可执行的和可链接的格式，是一个目标文件格式的标准。ELF 格式的文件用于存储 Linux 程序。ELF 是一种对象文件的格式，用于定义不同类型的对象文件中都有什么内容、以什么样的格式放这些内容。ELF 首部会描绘整个文件的组织结构，它还包括很多节（sections，是在 ELF 文件里用以装载内容数据的最小容器），这些节有些是系统定义好的，有些是用户在文件中通过.section 命令自定义的，链接器会将多个输入目标文件中相同的节合并。

1．ELF 文件的 3 种类型

以 ELF 格式为例，来看在可执行文件格式里的 3 种不同类型的目标文件。

（1）可重定位文件：这种文件一般是中间文件，还需要继续处理。由编译器和汇编器创建，一个源代码文件会生成一个可重定位文件。文件中保存着代码和适当的数据，用来和其他的目标文件一起来创建一个可执行文件、静态库文件或者共享目标文件（即动态库文件）。读者在编译 Linux 内核时可能会注意到，每个内核源代码.c 文件都会生成一个同名的.o 文件，该文件即为可重定位目标文件，最后所有.o 文件会链接为一个文件，即 Linux 内核。

（2）可执行文件：一般由多个可重定位文件结合生成，是完成了所有重定位工作和符号解析（除了运行时解析的共享库符号）的文件，文件中保存着一个用来执行的程序。重定位和符号解析会在本章的链接部分详细讲解。

（3）共享目标文件：共享库，是指可以被可执行文件或其他库文件使用的目标文件，例如标准 C 的库文件 libc.so。可以简单理解为没有主函数 main 的"可执行"文件，只有一堆函数可供其他可执行文件调用。Linux 下共享库后缀为.so 的文件，so 代表 shared object。

2．ELF 文件的作用

ELF 文件参与程序的链接（建立一个程序）和程序的执行（运行一个程序），所以可以从不同的角度来看待 ELF 格式的文件。

- ❑ 如果用于编译和链接（可重定位文件），则编译器和链接器将把 ELF 文件看作节的集合，所有节由节头表描述，程序头表可选。

- ❑ 如果用于加载执行（可执行文件），则加载器将把 ELF 文件看作程序头表描述的段的集合，一个段可能包含多个节和节头表可选。

- ❑ 如果是共享文件，则两者都含有。

7.1.2 ELF 格式简介

本节首先简要介绍 ELF 文件格式，帮助读者形成整体了解，接着有选择地详细讲解细节，以便读者更好地理解可执行文件中存储的内容，以及这些内容是如何被加载到内存中的。

在本节及后面的小节中，需要使用到如下的示例程序 hello.c：

```
#include<stdio.h>
void main()
{
    printf("Hello world!\n");
}
```

读者可使用如下指令将其编译为一个 32 位静态链接的 ELF 可执行文件 hello.m32.static。

```
gcc -m32 -static -o hello.m32.static hello.c
```

1. ELF 文件的索引表

ELF 文件的主体是各种节，典型的如代码节 .text，还有描述这些节属性的信息（Program header table 和 Section header table），以及 ELF 文件的整体描述信息（ELF header），整体如图 7-1 所示。

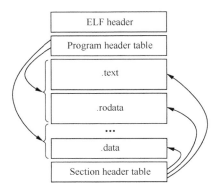

图7-1　ELF文件格式

2. ELF Header 结构

ELF Header 在文件最开始描述了该文件的组织情况。ELF 文件头会指出可执行文件是 32 位还是 64 位的，e_ident 数组的第五个字节是 1 表示是 32 位，2 表示是 64 位。ELF Header 的其他部分主要说明了其他文件内容的位置、大小等信息。ELF Header 长度为 64 字节，在 /usr/include/elf.h 文件中，可以看到其 C 语言格式的定义如下：

```
#define EI_NIDENT (16)
typedef struct
{
    unsigned char e_ident[EI_NIDENT];   /* Magic number and other info，前四个字节内容
目前固定为'0x7f','E','L','F'. */
    Elf32_Half    e_type;               /* Object file type，指明目标文件的类型 */
```

```
    Elf32_Half      e_machine;          /* Architecture,指明可以在哪种机器结构中运行 */
    Elf32_Word      e_version;          /* Object file version,指明版本信息 */
    Elf32_Addr      e_entry;            /* Entry point virtual address,指明系统运行该
程序时将控制权转交到的虚拟地址的值,如果没有则为零 */
    Elf32_Off       e_phoff;            /* Program header table file offset, program
header table在文件中的字节(Byte)偏移offset,如果没有program header table, 则该值为零 */
    Elf32_Off       e_shoff;            /* Section header table file offset,
section header table在文件中的字节偏移,如果没有section header table, 则该值为零 */
    Elf32_Word      e_flags;            /* Processor-specific flags,有关处理器的信息 */
    Elf32_Half      e_ehsize;           /* ELF header size in bytes, elf header的大小*/
    Elf32_Half      e_phentsize;        /* Program header table entry size, 在program
header table中一个entry的大小 */
    Elf32_Half      e_phnum;            /* Program header table entry count, program
header table中元素的个数, 即entry的个数 */
    Elf32_Half      e_shentsize;        /* Section header table entry size, section
header table每一个entry的大小, 与e_phentsize类似 */
    Elf32_Half      e_shnum;            /* Section header table entry count, section
header table中元素的个数, 即entry的个数 */
    Elf32_Half      e_shstrndx;         /* Section header string table index, 指明
string name table在section header table中的index */
} Elf32_Ehdr;
```

ELF 表头首先会给出很多关于本 ELF 文件的属性信息,如前文提到过的 3 种 ELF 类型就是通过 e_type 来体现的。e_type 值 1、2、3、4 分别代表可重定位目标文件、可执行文件、共享目标文件和核心文件。如图 7-1 所示,其中最重要是段头表（Program header table）和节头表（Section header table）的位置。

段头表存储于文件的 e_phoff（ELF header 的字段,下同）位置,有 e_phnum 项内容,每项大小为 e_phentsize 字节。节头表存储于 e_shoff 位置,有 e_shnum 项内容,每项大小为 e_shentsize 字节。节头表基本定义了整个 ELF 文件的组成,可以说是整个 ELF 就是由若干个节（Section）组成的。段只是对节区进行了重新组合,将连续的多个节区描述为一段连续区域,对应到一块连续的内存地址中。

3. Section Header 结构

节头表是由 Section Header 组成的表,包含了描述文件节区的信息,每个节区在表中都有一项,每一项给出诸如节区名称、节区大小这类信息。用于链接的目标文件必须包含节区头部表,其他目标文件有没有这个表皆可。每个节区头部结构的描述如下:

```
typedef struct
{
```

```
Elf32_Word sh_name; /* Section name (string tbl index)节名，是在字符串表中的索引 */
Elf32_Word sh_type; /* Section type类型 */
Elf32_Word sh_flags; /* Section flags标识 */
Elf32_Addr sh_addr; /* Section virtual addr at execution 该节对应的虚拟地址*/
Elf32_Off sh_offset; /* Section file offset 该节在文件中的位置*/
Elf32_Word sh_size; /* Section size in bytes 该节的大小*/
Elf32_Word sh_link; /* Link to another section 与该节连接的其他节*/
Elf32_Word sh_info; /* Additional section information 附加信息*/
Elf32_Word sh_addralign; /* Section alignment 对齐方式*/
Elf32_Word sh_entsize; /* Entry size if section holds table
                    对某些特殊节，定义其内表大小，如字符串表*/
} Elf32_Shdr;
```

读者可以查看到前文中生成的 hello.m32.static 这个可执行文件的 sections、指令及主要输出内容如下节区信息。6 列分别是[Nr]索引、Name 节名、Type 类型、Addr 虚拟地址、Off 偏移和 Size 节大小。简单来说，该节描述了将可执行文件中起始位置为 Off、大小为 Size 的一段数据加载到内存地址 Addr。32 位可执行文件 Addr 会显示类似 0x8048000 的地址。

```
$ readelf -S hello.m32.static
There are 31 section headers, starting at offset 0xb168c:

Section Headers:
  [Nr] Name              Type            Addr     Off    Size   ES Flg Lk Inf Al
  [ 6] .text             PROGBITS        080482d0 0002d0 0733d4 00  AX  0   0 16
  [24] .data             PROGBITS        080eb060 0a2060 000f20 00  WA  0   0 32
  [25] .bss              NOBITS          080ebf80 0a2f80
  [28] .symtab           SYMTAB          00000000 0a2fa8 007bf0 10     29 846  4
  [29] .strtab           STRTAB          00000000 0aab98 00699a 00      0   0  1
  [30] .shstrtab         STRTAB          00000000 0b1532 000159 00      0   0  1
Key to Flags:
  W (write), A (alloc), X (execute), M (merge), S (strings), I (info),
  L (link order), O (extra OS processing required), G (group), T (TLS),
  C (compressed), x (unknown), o (OS specific), E (exclude),
  p (processor specific)
```

实际输出的 section 内容要比上面的多，为了方便阅读，此处删减了大部分。读者可以从 "[6].text" 来理解每一节头的内容（一行是一个节的描述）。

❑　Type PROGBITS 表示该节存储的是代码。

❑　Addr 为 080482d0 是该部分将加载到内存中的虚拟地址。

❑　Off 为节在可执行文件中的偏移。

❑ 后半部分的 Key to Flags 是对 Flg 中标识的说明。如.text 节 Flg 为 AX,A(Alloc)表示需要加载到内存中，X(eXecute)表示对应内存需要可执行权限。

4. Program Header 结构

段头（Program Header）表是和创建进程相关的，描述了连续的几个节在文件中的位置、大小以及它被放进内存后的位置和大小，告诉系统如何创建进程映像，可执行文件加载器就可以按这个说明将可执行文件搬到内存中。用来构造进程映像的目标文件必须具有段头表，可重定位文件不需要这个表。

```
typedef struct
{
Elf32_Wordp_type; /* 当前Program header描述的段的类型 */
Elf32_Off p_offset;/* 段在文件中的偏移 */
Elf32_Addr p_vaddr;/* 段在内存中的虚拟地址 */
Elf32_Addr p_paddr;/* 在物理内存定位相关的系统中，此项是为物理地址保留 */
Elf32_Word p_filesz;/* 段在文件中的长度 */
Elf32_Word p_memsz;/* 段在内存中的长度 */
Elf32_Word p_flags;/* 与段相关的标志 */
Elf32_Word p_align;/* 根据此项值来确定段在文件及内存中如何对齐 */
}
```

读者可以查看前文中生成的 hello.m32.static 这个可执行文件的段头表，指令及主要输出内容如下段头表示例。8 列分别是 Type 类型、Offset 文件偏移、VirtAddr 虚拟地址、PhysAddr 物理地址、FileSiz 可执行文件中该区域的大小、MemSiz 内存中该区域的大小、Flg 属性标识和 Align 对齐方式。和节头表相似，该表描述了将可执行文件中起始位置为 Offset、大小为 FileSiz 的一段数据，加载到内存地址 VirtAddr 中。二者的虚拟地址信息是一致的，但节头表的 Addr 可以没有信息，可重定位目标文件（稍后链接部分会讲到）的 Addr 就是全 0。

```
# readelf -l hello.m32.static

Elf file type is EXEC (Executable file)
Entry point 0x804887f
There are 6 program headers, starting at offset 52

Program Headers:
  Type           Offset    VirtAddr   PhysAddr   FileSiz MemSiz  Flg Align
  LOAD           0x000000 0x08048000 0x08048000 0xa165f 0xa165f R E 0x1000
  LOAD           0x0a1f5c 0x080eaf5c 0x080eaf5c 0x01024 0x01e48 RW  0x1000
  NOTE           0x0000f4 0x080480f4 0x080480f4 0x00044 0x00044 R   0x4
  TLS            0x0a1f5c 0x080eaf5c 0x080eaf5c 0x00010 0x00028 R   0x4
```

```
    GNU_STACK       0x000000 0x00000000 0x00000000 0x00000 0x00000 RW   0x10
    GNU_RELRO       0x0a1f5c 0x080eaf5c 0x080eaf5c 0x000a4 0x000a4 R    0x1

  Section to Segment mapping:
   Segment Sections...
    00      .note.ABI-tag .note.gnu.build-id .rel.plt .init .plt .text __libc_freere
  s_fn __libc_thread_freeres_fn .fini .rodata __libc_subfreeres __libc_IO_vtables __li
  bc_atexit __libc_thread_subfreeres .eh_frame .gcc_except_table
    01      .tdata .init_array .fini_array .jcr .data.rel.ro .got.plt .data .bss __li
  bc_freeres_ptrs
    02      .note.ABI-tag .note.gnu.build-id
    03      .tdata .tbss
```

此处还是以一行为例进行说明，如上述输出内容的第一行。Type 值为 LOAD 表示该段（Segment）需要加载到内存，Offset 全 0 表示其内容为从可执行文件头开始共 0xa165f(FileSiz)个字节，加载到虚拟地址 0x08048000(VirtAddr)处，该段为可读（R）可执行（E）权限，4k(Align,0x1000)对齐。类似的只有 6 个这样的段。再往下看为节与段的映射关系说明（Section to Segment mapping:），00 即第一行描述的段，一共包括了.note、.ABI-tag、.init、.text 等多个节。

7.1.3　相关操作指令

读者可以使用如下指令对 ELF 进行更多的研究实践。

（1）man elf：在 Linux 下输入 "man elf" 即可查看其详细的格式定义。

（2）readelf：用于显示一个或多个 elf 格式的目标文件的信息，可以通过它的选项来控制显示哪些信息。

❑　-a 等价于-h -l -S -s -r -d -V -A -I。

❑　-h 显示 elf 文件开始的文件头信息。

❑　-S 显示节头信息（如果有）。

❑　-l 显示 Program Header。

❑　-s 显示符号表段中的项（如果有）。

❑　-r 显示可重定位段的信息。

❑　-H 显示 readelf 所支持的命令行选项。

（3）objdump：显示二进制文件信息，用于查看目标文件或者可执行的目标文件的构成的 gcc 工具，选项如下。

- ❏ -f 显示 objfile 中每个文件的整体头部摘要信息。

- ❏ -h 显示目标文件各个 section 的头部摘要信息。

- ❏ -r 显示文件的重定位入口。如果和-d 或者-D 一起使用，重定位部分以反汇编后的格式显示出来。

- ❏ -s 显示指定 section 的完整内容。默认所有的非空 section 都会被显示。

- ❏ -t 显示文件的符号表入口。类似于 nm -s 提供的信息。

- ❏ -x 显示所可用的头信息，包括符号表、重定位入口。-x 等价于-a -f -h -r -t 同时指定。

（4）hexdump：用十六进制的数字来显示 elf 的内容。

7.2 程序编译

程序从源代码到可执行文件的步骤：预处理、编译、汇编、链接。以下示例继续使用 hello.c，4 步分别对应的指令如下。

- ❏ 预处理

```
gcc -E hello.c -o hello.i
```

- ❏ 编译

```
gcc -S hello.i -o hello.s -m32
```

- ❏ 汇编

```
gcc -c hello.s -o hello.o -m32
```

- ❏ 链接

```
gcc hello.o -o hello -m32 -static
```

7.2.1 预处理

预处理时编译器完成的具体工作如下。

- ❏ 删除所有的注释"//"和"/**/"。

- □　删除所有的 "#define"，展开所有的宏定义。

- □　处理所有的条件预编译指令。

- □　处理 "#include" 预编译指令，将被包含的文件插入该预编译指令的位置，这一过程是递归进行的。

- □　添加行号和文件名标识。

如下指令将对 hello.c 进行预处理，结果保存到文件 hello.i 中。

```
gcc -E hello.c -o hello.i
```

预处理完的文件仍然是文本文件，可以用任意编辑工具打开查看。打开 hello.i，可以看到以下内容。main 函数之前的内容的都是 stdio.h 递归展开以后的内容。以下文件是编译器实际编译的内容。

```
typedef unsigned char __u_char;    /* 类型声明 */
typedef unsigned short int __u_short;
typedef unsigned int __u_int;
typedef unsigned long int __u_long;
......
extern int ftrylockfile (FILE *__stream) __attribute__ ((__nothrow__,__leaf__));
/* 编译器遇到此变量或函数时在其他模块中寻找其定义，也可用来进行链接指定 */
extern void funlockfile (FILE *__stream) __attribute__ ((__nothrow__,__leaf__));
void main()
{
        printf("Hello world!\n");
}
```

7.2.2　编译

编译时，gcc 首先要检查代码的规范性、是否有语法错误等，以确定代码实际要做的工作。在检查无误后，gcc 把代码翻译成汇编语言。实现编译的指令如下：

```
gcc -S hello.i -o hello.s -m32
```

- □　-S：该选项只进行编译而不进行汇编，即仅生成汇编代码，不进一步翻译为机器指令。

- □　-m32：生成 32 位平台格式文件，其与 64 位使用不同的寄存器名及指令集。

编译完的文件仍然是文本文件，可以用任意编辑工具打开查看。打开 hello.s，可以看到以下内容。main 函数对应的部分汇编代码如下：

```
......
main:
.LFB0:
        .cfi_startproc
        pushl%ebp
        .cfi_def_cfa_offset 8
        .cfi_offset 5, -8
        movl%esp, %ebp
        .cfi_def_cfa_register 5
        andl$-16, %esp
        subl$16, %esp
        movl$.LC0, (%esp)
        callputs
        leave
        .cfi_restore 5
        .cfi_def_cfa 4, 4
        ret
        .cfi_endproc
......
```

其中以 "." 开头的，例如.cfi_startproc 是伪指令（Assembler Directives），其他是真正的汇编指令。

7.2.3 汇编

1. 汇编生成的主要节区

单独汇编指令如下：

```
gcc -c hello.s -o hello.o.m32 -m32
```

-m32 表示生成 32 位的目标文件。x32 和 x64 位使用不同的寄存器名，指令集也不同。

汇编后形成的.o 格式的文件已经是 ELF 格式文件了。程序编译后生成的目标文件至少含有 3 个节区（Section），分别为.text、.data 和.bss。在此为兼顾传统的名称，本章后面也称其为段。但读者要注意在 ELF 格式中 Section 与 Segment 是不同的。

❑ .bss 段。BSS 段（bss segment）通常是指用来存放程序中未初始化的全局变量的一块内存区域。BSS 是 BlockStarted by Symbol 的简称。BSS 段属于静态内存分配，该节区包含了在内存中的程序未初始化的数据。当程序开始运行时，系统将用 0 来初始化该区域。该节不占用文件空间，该 section type = SHT_NOBITS。

❑ .data 段。数据段（data segment）通常是指用来存放程序中已初始化的全局变量的一块内存区域。数据段属于静态内存分配。

❑ .text 段。代码段（code segment/text segment）通常是指用来存放程序执行代码的一块内存区域。这部分区域的大小在程序运行前就已经确定，并且内存区域通常属于只读，某些架构也允许代码段为可写，即允许修改程序。在代码段中，也可能包含一些只读的常数变量，例如字符串常量等。

通过 readelf-S（显示所有 Section 信息）可以看到以下内容目标文件的节区信息表，这里只呈现了部分节的信息，当前读者只需要关心[2].text 段内容即可。

```
# readelf -S hello.o.m32
There are 15 section headers, starting at offset 0x2f0:

Section Headers:
  [Nr] Name              Type            Addr     Off    Size   ES Flg Lk Inf Al
  [ 0]                   NULL            00000000 000000 000000 00      0   0  0
  [ 1] .group            GROUP           00000000 000034 000008 04     12  12  4
  [ 2] .text             PROGBITS        00000000 00003c 000038 00  AX  0   0  1
  [ 3] .rel.text         REL             00000000 00023c 000020 08   I 12   2  4
  [ 4] .data             PROGBITS        00000000 000074 000000 00  WA  0   0  1
  [ 5] .bss              NOBITS          00000000 000074 000000 00  WA  0   0  1

  ...
Key to Flags:
  W (write), A (alloc), X (execute), M (merge), S (strings), I (info),
  L (link order), O (extra OS processing required), G (group), T (TLS),
  C (compressed), x (unknown), o (OS specific), E (exclude),
  p (processor specific)
```

❑ Type 列为 PROGBITS，表示该节存储是代码。

❑ Addr 为全 0，是因为当前生成的是可重定位目标文件（readelf -h 可查看 ELF 文件类型），还不是可执行文件，所以未设置其对应虚拟地址。在链接完成后，该部分会变为将来代码段在内存中的虚拟地址。

❑ Off 为代码段在 hello.o 中的偏移。

❑ Key to Flags 是对 Flg 中标识的说明。如代码段 Flg 为 AX，A（Alloc）表示需要加载到内存中，X（eXecute）表示对应内存需要可执行。

2．其他常见节

❑ .rodata：存放 C 中的字符串和#define 定义的常量，该节包含了只读数据。

❑ .comment：该节包含了版本控制信息。

❑ .dynamic：该节包含了动态链接信息。

❑ .dynsym：该节包含了动态链接符号表。

❑ .init：该节包含了用于初始化进程的可执行代码。也就是说，当一个程序开始运行时，系统将会执行在该节中的代码，然后才会调用程序的入口点（对于 C 程序而言就是 main）。

7.2.4　链接

链接是将各种代码和数据部分收集起来并组合成为一个单一文件的过程，这个文件可被加载（或被复制）到内存中并执行。在本例中就是将编译输出的.o 文件与 libc 库文件进行链接，生成最终的可执行文件。

```
gcc hello.o.m32 -o hello.m32.static -m32 -static
```

通俗地说，链接就是把多个文件拼接到一起，本质上是节的拼接。其详细原理稍后介绍，这里只看结果。链接后，再查看可执行文件的节区信息表如下：

```
# readelf -S hello.m32.static
There are 31 section headers, starting at offset 0xb168c:

Section Headers:
  [Nr] Name              Type            Addr     Off    Size   ES Flg Lk Inf Al
  [ 6] .text             PROGBITS        080482d0 0002d0 0733d4 00  AX  0   0 16
  [24] .data             PROGBITS        080eb060 0a2060 000f20 00  WA  0   0 32
  [25] .bss              NOBITS          080ebf80 0a2f80 000e0c 00  WA  0   0 32
  [26] __libc_freeres_pt NOBITS          080ecd8c 0a2f80 000018 00  WA  0   0  4
  [27] .comment          PROGBITS        00000000 0a2f80 000026 01  MS  0   0  1
  [28] .symtab           SYMTAB          00000000 0a2fa8 007bf0 10     29 846  4
```

比较链接前目标文件的节区信息表，可执行文件的节区信息表中节多了，由 15 个变成 31 个（本书中只显示了部分）。一个重要变化是.text 的 Addr 有了值。多出来的节是从外部库中添加过来的，编译器进行了整合，并安排了地址布局。另一个变化是，链接后多了段头表（Program header table），前文已有介绍其结构，读者可以自行查看。可执行文件的执行，其实是操作系统按照段头的指示，将可执行文件按照安排好的布局加载到内存，再跳转到其中的代码段。以上内容用于帮助读者从 ELF 格式层面想象可执行文件加载器的工作流程。

7.3　链接与库

在可执行文件的生成过程中，最为复杂的部分就是链接。链接从过程上讲分为符号解析和重定位两部分；根据链接时机的不同，又分为静态链接和动态链接两种。

先以 hello.c 为例简要说明符号、符号解析与重定位。其实应该是 hello.i 为例，因为真正编译的 C 源文件是 hello.i。

简化来说，hello.c 中只有两个符号——main 和 printf。

main 的实现就在 hello.c 中，而 printf 的实现显然没有在 hello.c 中。相应的 hello.c 编译为 hello.o 后，main 这个符号是"有定义"的，printf 这个符号则是"无定义"的。

"有定义"的意思就是函数对应的机器指令地址在当前文件中（有明确的地址）。

编译器需要到其他的共享库中找到 printf 的"定义（机器指令片段）"，找到后把该片机器指令与 hello.o 拼接到一起，生成可执行文件 hello。hello 中 printf 就存在了（有定义即有了明确的地址），这就是符号解析。

在拼接所有目标文件的同时，编译器会确定各个函数加载到内存中的运行地址，然后反过来修改所有调用该函数的机器指令，使得该指令能跳转到正确的内存地址。这个过程就是重定位。

在接下的内容中，我们将结合实践，以更为严谨的方式来讲解这部分知识。

7.3.1　符号与符号解析

1．符号

符号包含全局变量和全局函数。例如 printf 就是一个符号，hello 程序需要在函数库中找到这个符号。

链接器上下文中的 3 种不同符号如下。

❑　由模块定义并能被其他模块引用的全局符号。全局链接器符号对应非静态的 C 函数以及被定义为不带 C static 属性的全局变量。

❑ 由其他模块定义并被模块引用的全局符号。这些符号称为外部符号（external），对应定义在其他模块中的 C 函数和变量。

❑ 只被模块定义和引用的本地符号。有的本地链接器符号对应带 static 属性的 C 函数和全局变量。

2．符号表

符号表（symbol table）是一种供编译器用于保存有关源程序构造的各种信息的数据结构。这些信息在编译器的分析阶段被逐步收集并放入符号表，它们在综合阶段用于生成目标代码。符号表的每个条目包含与一个标识符相关的信息，比如它的字符串、类型、存储位置和其他相关信息。符号表通常需要支持同一标识符在一个程序中的多重声明。

符号表的功能是找未知函数在其他库文件中的代码段的具体位置。还是以 hello 为例，其调用的 printf 是外部库提供的函数。在链接前，编译器需要把类似于 printf 这种符号都记录下来，存储于符号表中。

符号表的查看方法为 objdump -t xxx.o 或 readelf -s xxx.o。

3．符号表中的函数

如下是输出的链接前 hello.o.m32 与链接后 hello.m32.static 两个 ELF 文件符号表的内容。我们依旧对内容进行了删减，只留下了需要关注的部分。链接前的只保留了两行，分别是 main 函数和 puts（对应前文中的 printf）。

```
# readelf -s hello.o.m32

Symbol table '.symtab' contains 15 entries:
   Num:    Value  Size Type    Bind   Vis      Ndx Name
    11: 00000000    56 FUNC    GLOBAL DEFAULT    2 main
    14: 00000000     0 NOTYPE  GLOBAL DEFAULT  UND puts

# readelf -s hello.m32.static

Symbol table '.symtab' contains 1983 entries:
   Num:    Value  Size Type    Bind   Vis      Ndx Name
  1087: 0804f620   403 FUNC    WEAK   DEFAULT    6 puts
  1547: 080489cc    56 FUNC    GLOBAL DEFAULT    6 main
```

如上 main 函数前后对比，变化在 Value 和 Ndx 列。Value 在链接前是 0，在链接后是 080489cc。对于符号来说，Value 就是内存地址。在链接前可执行文件各部分未分配内存地址，所以其值为 0。Ndx 是该符号对应的节区编号，之前是 2，之后是 6，这是因为链接后加入了很多外部库的节区。其他属性未变，因为 main 函数本身就在 hello.o 文件中，所以其类型是函数（FUNC），大小 56 都是已知的。

puts（printf）是调用外部的函数，也就是引用外部符号。之前 Type 为 NOTYPE（未知），Ndx 为 UND（未定义），Value 为 0，因为其对应机器指令不在 hello.o 中，而在 libc 中。链接后 Value 为 0804f620，Ndx 与 main 一样同为 6，也就是编译器把 puts 所在的节与 main 所在的节全部作为新的 .text 节。

链接前符号表只有 15 个项，链接后变成了 1983 个（contains 1983 entries）。链接的符号解析是个递归的过程，所以即使是这样一个小小的程序也使用了大量的库函数。

Type 和 Bind 项说明如表 7-1 和表 7-2 所示。

表 7-1　符号绑定信息（Bind）

宏定义名	值	说明
STB_LOCAL	0	局部符号，对于目标文件的外部不可见
STB_GLOBAL	1	全局符号，外部可见
STB_WEAK	2	弱引用（弱符号与强符号）

表 7-2　符号类型（Type）

宏定义名	值	说明
STT_NOTYPE	0	未知类型符号
STT_OBJECT	1	该符号是一个数据对象，比如变量、数组等
STT_FUNC	2	该符号是一个函数或其他可执行代码
STT_SECTION	3	该符号表示一个段，这种符号必须是STB_LOCAL类型的
STT_FILE	4	该符号表示文件名，一般是该目标文件所对应的源文件名，它一定是STB_LOCAL类型的

从符号表定义的"符号所在段（st_shndx）"字段可以看出，如果符号定义在本目标文件中，那么这个成员表示符号所在的段在段表中的下标；如果符号不是定义在本目标文件中，或者对于有些特殊符号，sh_shndx 的值有些特殊，情况如表 7-3 所示。

表 7-3 符号所在段特殊常量

宏定义名	值	说明
SHN_ABS	0xfff1	表示该符号包含了一个绝对的值。比如表示文件名的符号就属于这种类型的
SHN_COMMON	0xfff2	表示该符号是一个 "COMMON块" 类型的符号,一般来说,未初始化的全局符号定义就是这种类型的
SHN_UNDEF	0	表示该符号未定义。这个符号表示该符号在本目标文件被引用到,但是定义在其他目标文件中

由此可见,符号表中定义过的函数其 Ndx 字段会显示这个函数表示符号所在的段在段表中的下标;如果未经定义的函数,则会显示 UND;未初始化的全局符号则显示 COMMON。

本节中以点带面地关注了小部分符号表的变化,以帮助读者理解可执行文件的符号表。

7.3.2 重定位

1. 重定位

重定位是把程序的逻辑地址空间变换成内存中的实际物理地址空间的过程,也就是说在装入时对目标程序中指令和数据的修改过程。它是实现多道程序在内存中同时运行的基础。

重定位分为如下两步。

❑ 重定位节和符号定义:链接器将所有相同类型的节合并为同一类型的新的聚合节,将运行时存储器地址赋给新的聚合节、输入模块定义的每个节,以及输入模块定义的每个符号。此时,程序中的每个指令和全局变量都有唯一的运行时存储器地址。

❑ 重定位节中的符号引用:链接器修改代码节和数据节中对每个符号的引用,使得它们指向正确的运行时地址。链接器依赖于重定位条目的可重定位目标模块中的数据结构。

2. 重定位表

可重定位表中的每一条记录对应一个需要重定位的符号。汇编器将为可重定位文件中每个包含需要重定位符号的段都建立一个重定位表。

可重定位表的查看方法是 readelf -r xxx.o。

如下显示了 hello.o.m32 的部分可重定位表信息，我们只关注 puts。其描述的是代码段的第 0x26 字节处有一个地址，需要被替换为符号 puts 将来的内存地址。R_386_PLT32 的意思是替换为相对偏移地址。

```
# readelf -r hello.o.m32

Relocation section '.rel.text' at offset 0x23c contains 4 entries:
 Offset     Info    Type            Sym.Value   Sym. Name
00000026   00000e04 R_386_PLT32      00000000    puts
```

读者可以反汇编 hello.o.m32，找到如下 "25: e8 fc ff ff ff call 26" 机器代码，即代码段的第 25 字节，e8 就是 call 指令，链接后 "fc ff ff ff"（第 26～29 字节）就会被替换为 puts 在链接后的地址。

```
# objdump -d hello.o.m32

hello.o.m32:      file format elf32-i386
Disassembly of section .text:
00000000 <main>:
   0:8d 4c 24 04          lea     0x4(%esp),%ecx
   4:83 e4 f0             and     $0xfffffff0,%esp
   7:ff 71 fc             pushl   -0x4(%ecx)
   a:55                   push    %ebp
   b:89 e5                mov     %esp,%ebp
   d:53                   push    %ebx
   e:51                   push    %ecx
   f:e8 fc ff ff ff       call    10 <main+0x10>
  14:05 01 00 00 00       add     $0x1,%eax
  19:83 ec 0c             sub     $0xc,%esp
  1c:8d 90 00 00 00 00    lea     0x0(%eax),%edx
  22:52                   push    %edx
  23:89 c3                mov     %eax,%ebx
  25:e8 fc ff ff ff       call    26 <main+0x26>
...
```

简单总结一下，符号表记录了目标文件中所有的全局函数及其地址；重定位表中记录了所有调用这些函数的代码位置。在链接时，这两大类数据都需要逐一修改为正确的值。

7.3.3 静态链接与动态链接

1．静态链接

在编译链接时直接将需要的执行代码复制到最终可执行文件中，优点是代码的装载速度快，执行速度也比较快，对外部环境依赖度低。编译时它会把需要的所有代码都链接进去，应用程序相对比较大。缺点是如果多个应用程序使用同一库函数，会被装载多次，浪费内存。

2．动态链接

在编译时不直接复制可执行代码，而是通过记录一系列符号和参数，在程序运行或加载时将这些信息传递给操作系统。操作系统负责将需要的动态库加载到内存中，然后程序在运行到指定的代码时，去共享执行内存中已经加载的动态库去执行代码，最终达到运行时链接的目的。优点是多个程序可以共享同一段代码，而不需要在磁盘上存储多个复制。缺点是在运行时加载，可能会影响程序的前期执行性能，而且对使用的库依赖性较高，在升级时特别容易出现版本不兼容的问题。

如前文中的 hello.m32.static 就是静态链接的可执行文件。如果在编译时不加"-static"选项，则编译器会默认使用动态链接。如下动态链接的可执行文件只有 7452 字节，而静态链接版本大小约是其 100 倍。

```
# gcc hello.o.m32 -o hello.m32.dynamic -m32
# ls -l hello.m32.*
-rwxr-xr-x 1 root root   7452 8月   8 16:33 hello.m32.dynamic
-rwxr-xr-x 1 root root 727908 8月   8 08:21 hello.m32.static
```

动态链接分为可执行程序装载时动态链接和运行时动态链接，接下来将介绍这两种动态链接。

3．装载时动态链接

以下实例源码 shlibexample.h 与 shlibexample.c 是一个简单动态库的源码，只提供一个函数 SharedLibApi()。使用如下指令可能将其编译成 libshlibexample.so 文件。

```
$ gcc -shared shlibexample.c -o libshlibexample.so -m32
```

shlibexample.h 的源码如下：

```
/*  FILE NAME          : shlibexample.h    */
#ifndef _SH_LIB_EXAMPLE_H_
```

```
#define _SH_LIB_EXAMPLE_H_

#define SUCCESS 0
#define FAILURE (-1)

#ifdef __cplusplus
extern "C" {
#endif
/*
 * Shared Lib API Example
 * input    : none
 * output   : none
 * return   : SUCCESS(0)/FAILURE(-1)
 *
 */
int SharedLibApi();
#ifdef __cplusplus
}
#endif
#endif /* _SH_LIB_EXAMPLE_H_ */
```

shlibexample.c 的源码如下：

```
/*  FILE NAME          : shlibexample.c  */
#include <stdio.h>
#include "shlibexample.h"
/*
 * Shared Lib API Example
 * input    : none
 * output   : none
 * return   : SUCCESS(0)/FAILURE(-1)
 *
 */
int SharedLibApi()
{
    printf("This is a shared libary!\n");
    return SUCCESS;
}
```

只要将以上头文件和生成库文件放置在正确的目录下，就可以像调用 printf 一样调用 SharedLibApi()。

4．运行时动态链接

运行时动态链接库的源文件为 dllibexample.h 和 dllibexample.c。编译成 libdllibexample.so 文件的指令如下：

```
gcc -shared dllibexample.c -o libdllibexample.so -m32
```

dllibexample.h 的源码如下：

```
#ifndef _DL_LIB_EXAMPLE_H_
#define _DL_LIB_EXAMPLE_H_

#ifdef __cplusplus
extern "C" {
#endif
/*
 * Dynamical Loading Lib API Example
 * input    : none
 * output   : none
 * return   : SUCCESS(0)/FAILURE(-1)
 *
 */
int DynamicalLoadingLibApi();


#ifdef __cplusplus
}
#endif
#endif /* _DL_LIB_EXAMPLE_H_ */
```

dllibexample.c 的源码如下：

```
/*
 * Revision log:
 *
 * Created by Mengning,2012/5/3
 *
 */

#include <stdio.h>
#include "dllibexample.h"

#define SUCCESS 0
```

```
#define FAILURE (-1)

/*
 * Dynamical Loading Lib API Example
 * input    : none
 * output   : none
 * return   : SUCCESS(0)/FAILURE(-1)
 *
 */
int DynamicalLoadingLibApi()
{
    printf("This is a Dynamical Loading libary!\n");
    return SUCCESS;
}
```

运行时动态链接本质上是由程序员自己来控制整个过程的，其基本流程如下：

```
//先将动态库加载进来
void * handle = dlopen("libdllibexample.so",RTLD_NOW); //声明一个函数指针
int (*func)(void); //根据名称找到函数指针
func = dlsym(handle,"DynamicalLoadingLibApi"); //调用已声明函数
func();
```

5. 动态链接实例

如下代码分别以装载时动态链接和运行时动态链接调用了两个动态链接库。从动态链接库的角度是没有差别的，差别只是程序员使用动态链接库的方法。

```
#include <stdio.h>
#include "shlibexample.h"
#include <dlfcn.h>

int main()
{
    printf("This is a Main program!\n");
    /* 装载时动态链接 */
    printf("Calling SharedLibApi() function of libshlibexample.so!\n");
    SharedLibApi();

    /* 运行时动态链接 */
    void * handle = dlopen("libdllibexample.so",RTLD_NOW);
    if(handle == NULL)
    {
```

```
        printf("Open Lib libdllibexample.so Error:%s\n",dlerror());
        return    FAILURE;
    }
    int (*func)(void);
    char * error;
    func = dlsym(handle,"DynamicalLoadingLibApi");
    if((error = dlerror()) != NULL)
    {
        printf("DynamicalLoadingLibApi not found:%s\n",error);
        return    FAILURE;
    }
    printf("Calling DynamicalLoadingLibApi() function of libdllibexample.so!\n");
    func();
    dlclose(handle);
    return SUCCESS;
}
```

这里的 shlibexample 在链接时就需要，所以需要提供其路径，对应的头文件 shlibexample.h 也需要在编译器能找到位置。使用参数-L 指明头文件所在目录，使用-l 指明库文件名，如 libshlibexample.so 去掉 lib 和.so 的部分。dllibexample 只在程序运行到相关语句时才会访问，在编译时不需要任何的相关信息，只是用参数-ldl 指明其需要使用共享库 dlopen 等函数。当然在实际运行时，也要确保 libdllibexample.so 是应用可以查找到的，这也是要修改环境变量 LD_LIBRARY_PATH 的原因。最终的编译及运行效果如下：

```
$ gcc main.c -o main -L/path/to/your/dir -lshlibexample -ldl -m32
$ export LD_LIBRARY_PATH=$PWD #将当前目录加入默认路径，否则main找不到依赖的库文件，当然也可以
将库文件复制到默认路径下。
$ ./main
This is a Main program!
Calling SharedLibApi() function of libshlibexample.so!
This is a shared libary!
Calling DynamicalLoadingLibApi() function of libdllibexample.so!
This is a Dynamical Loading libary!
```

7.4 程序装载

7.4.1 程序装载概要

要研究可执行程序的装载，除了可执行文件的格式之外，读者还需要把执行环境的来

143

龙去脉搞清楚。

　　了解可执行程序的执行环境，一般是 shell 程序来启动一个可执行程序的，shell 程序做了什么。当 shell 启动加载一个可执行程序时（发起一个系统调用），准备了哪些执行的上下文环境。

　　这样大概了解了用户态的执行环境了，再来看一个系统调用怎么把一个可执行文件在内核里装载起来又返回到用户态。

1. 执行环境上下文

　　还是以一个例子开始，如果在 Shell 中输入如下指令 ls -l/usr/bin，实际上相当于执行了可执行程序 ls，后面带两个参数-l 和/usr/bin。同前文示例，./hello.m32.static 相当于不带参数运行自己写的可执行文件。Shell 本身不限制命令行参数的个数，命令行参数的个数受限于命令自身，也就是 main 函数愿意接收什么。典型的 main 函数可以写成如下几种：

```
int main()
int main(int argc, char*argv[])
int main (int argc, char *argv[], char *envp[])
```

　　前两种比较常见，如果愿意接收 Shell 的执行环境，还可以再加一个 char *envp[]，一般 shell 程序会自动为可执行文件加上执行环境。用户在输入命令时，比如 ls –l /usr/bin 中的–l 与/usr/bin 是两个参数，会通过 int argc 和 char *argcv[]传进来。这是 Shell 命令传递到可执行程序的方法。Shell 会调用 execve 将命令行参数核环境参数传递给可执行程序的 main 函数。execve 的函数原型如下：

```
int execve(const char *filename, char *const argv[],char *const envp[]);
```

　　filename 为可执行文件的名字，argv 是以 NULL 结尾的命令行参数数组，envp 同样是以 NULL 结尾的环境变量数组（使用命令 man execve，可查看其说明）。编程使用的库函数 exec 及类似函数都是 execve 的封装例程。

　　一个简单的例子如下所示：

```
#include <stdio.h>
#include <stdlib.h>
#include <unistd.h>
int main(int argc, char * argv[])
{
    int pid;
    /* fork another process */
    pid = fork();
```

```
    if (pid<0)
    {
        /* error occurred */
        fprintf(stderr,"Fork Failed!");
        exit(-1);
    }
    else if (pid==0)
    {
        /*   child process   */
        execlp("/bin/ls","ls",NULL);
    }
    else
    {
        /*    parent process   */
        /* parent will wait for the child to complete*/
        wait(NULL);
        printf("Child Complete!");
        exit(0);
    }
}
```

首先 fork 一个子进程，pid 为 0 的分支是将来的子进程要执行的，在子进程里调用 execlp 来加载可执行程序，示例中为 ls，这里没有写环境变量。完整的 shell 程序中会有环境变量，接收与否则取决于子进程的 main 函数。shell 程序就是这样工作的。

命令行参数和环境变量是如何保存的呢？当 fork 一个子进程时，会生成子进程的进程控制块与堆栈，子进程控制块会复制父进程的大部分内容。堆栈则由 execlp 按如图 7-2 所示的结构布局，再将程序跳转到 main。这边是 main 函数起点，在创建一个新的用户态堆栈时，实际上是把命令行参数内容和环境变量的内容通过指针的方式传到系统调用内核处理函数，再创建一个新的用户态堆栈时会把这些 char *argcv[]和 char *envp[]复制到用户态堆栈中，来初始化这个新的可执行程序执行的上下文环境。所以新的程序可以从 main 函数开始把对应的参数接收过来，然后执行，但父进程在调用 execve 这个命令行时，只是压在了 shell 程序当前进程的堆栈上，堆栈在加载完新的可执行程序之后已经被清空了。所以内核帮我们创建了一个新的进程执行堆栈和新的进程的用户态堆栈。

程序入口点即如下的 Entry point address:0x804887f 所示。普通静态链接程序在完成以上操作后，堆栈上的返回地址会修改为入口点的指令。当系统调用从内核态返回时，会执行该指令。

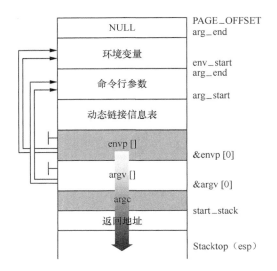

图7-2　进程堆栈

执行 readelf -h 可以查看 ELF 可执行文件首部信息，如下所示。

```
# readelf -h hello.m32.static
ELF Header:
  Magic:   7f 45 4c 46 01 01 01 03 00 00 00 00 00 00 00 00
  Class:                             ELF32
  Data:                              2's complement, little endian
  Version:                           1 (current)
  OS/ABI:                            UNIX - GNU
  ABI Version:                       0
  Type:                              EXEC (Executable file)
  Machine:                           Intel 80386
  Version:                           0x1
  Entry point address:               0x804887f
  Start of program headers:          52 (bytes into file)
  Start of section headers:          726668 (bytes into file)
  Flags:                             0x0
  Size of this header:               52 (bytes)
  Size of program headers:           32 (bytes)
  Number of program headers:         6
  Size of section headers:           40 (bytes)
  Number of section headers:         31
  Section header string table index: 30
```

2. 动态链接的特殊处理

如果仅加载一个静态链接可执行程序，只需要传递一些命令行参数和环境变量，就可以正常来工作了。但对于绝大多数可执行程序来讲，还有一些对动态库的依赖会稍微复杂一点。

动态链接的程序从内核态返回时首先会执行.interp 节区指向的动态链接器。如下所示，动态链接版本的可执行文件会比静态链接多出.interp 这个节以及其他 ld 需要用到的节，如下.interp 在文件 0x154 处长度为 0x13 字节。段表也会有相应的 INTERP 段。

```
# readelf -l hello.m32.dynamic

Elf file type is DYN (Shared object file)
Entry point 0x420
There are 9 program headers, starting at offset 52

Program Headers:
  Type           Offset   VirtAddr   PhysAddr   FileSiz MemSiz  Flg Align
  PHDR           0x000034 0x00000034 0x00000034 0x00120 0x00120 R E 0x4
  INTERP         0x000154 0x00000154 0x00000154 0x00013 0x00013 R   0x1

# readelf -S hello.m32.dynamic
There are 31 section headers, starting at offset 0x1844:

Section Headers:
  [Nr] Name              Type            Addr     Off    Size   ES Flg Lk Inf Al
  [ 0]                   NULL            00000000 000000 000000 00        0   0  0
  [ 1] .interp           PROGBITS        00000154 000154 000013 00    A  0   0  1
```

该节的内容如下，可以看到，节中存储的是动态链接器的完整路径。

```
# xxd -s 0x150 -l 0x20 hello.m32.dynamic
00000150: 0100 0000 2f6c 6962 2f6c 642d 6c69 6e75  ..../lib/ld-linu
00000160: 782e 736f 2e32 0000 0400 0000 1000 0000  x.so.2..........
# readelf -p .interp hello.m32.dynamic
String dump of section '.interp':
  [     0]  /lib/ld-linux.so.2
```

另外一个动态链接库可能会依赖其他的库，这样形成了一个关系图——动态链接库会生成依赖树，如下以/bin/ls 为例，可以看到其依赖关系。

```
# ldd /bin/ls
```

```
linux-vdso.so.1 (0x00007ffff7ffd000)
libselinux.so.1 => /lib/x86_64-linux-gnu/libselinux.so.1 (0x00007ffff7b84000)
libc.so.6 => /lib/x86_64-linux-gnu/libc.so.6 (0x00007ffff77e6000)
libpcre.so.3 => /lib/x86_64-linux-gnu/libpcre.so.3 (0x00007ffff7573000)
libdl.so.2 => /lib/x86_64-linux-gnu/libdl.so.2 (0x00007ffff736f000)
/lib64/ld-linux-x86-64.so.2 (0x0000555555554000)
libpthread.so.0 => /lib/x86_64-linux-gnu/libpthread.so.0 (0x00007ffff7152000)
```

动态链接器 ld 负责加载库并进行解析（这就是一个图的遍历），装载所有需要的动态链接库，然后 ld 将 CPU 的控制权交给可执行程序。动态链接的过程主要是动态链接器在起作用，而不是内核完成的。

7.4.2　fork 与 execve 内核处理过程

在学习完 ELF 的格式部分后，我们可以简单想象一下可执行文件是如何加载的。因为所有的信息都包含在 ELF 文件中，什么段放在什么内存区域，按照 ELF 的要求放好即可。当然这其中涉及很多细节：创建进程控制块、申请内存、开辟堆栈、准备参数、安排跳转到入口点等。从宏观上理解会简单些。

1．过程概述

Linux 提供了 execl、execlp、execle、execv、execvp 和 execve 等 6 个用以执行一个可执行文件的函数（统称为 exec 函数，差异在于对命令行参数和环境变量参数的传递方式不同）。以上函数的本质都是调用在/linux-3.18.6/fs/exec.c#1604 文件（见二维码 40）中实现的系统调用 sys_execve() 来执行一个可执行文件。

二维码40

整体的调用关系为 sys_execve() -> do_execve() -> do_execve_common() -> exec_binprm()-> search_binary_handler() -> load_elf_binary() -> start_thread()。

（1）系统调用内核处理函数 sys_execve()

直接调用 do_execve，代码如下。3 个参数依次为可执行文件的名称、参数、环境变量。

```
SYSCALL_DEFINE3(execve,
                constchar __user *, filename,
                constchar __user *const __user *, argv,
                constchar __user *const __user *, envp)
{
        return do_execve(getname(filename), argv, envp);
}
```

（2）do_execve_common()

只是对参数进行了类型转换，并传递给下一步。

```
int do_execve(struct filename *filename,
        const char __user *const __user*__argv,
        const char __user *const __user*__envp)
{
        struct user_arg_ptr argv = {.ptr.native = __argv }; //把命令行参数转换为相应的结构体
        struct user_arg_ptr envp = {.ptr.native = __envp }; //把环境变量参数转换为相应的结构体
        return do_execve_common(filename, argv,envp);
}
```

（3）do_execve_common()

关键代码及说明如下：

```
    file = do_open_exec(filename);//打开要加载的可执行文件，加载它的文件头部，以判断文件类型
    ...
    bprm->file = file;
    bprm->filename = bprm->interp = filename->name;
    //创建了一个结构体bprm，把环境变量和命令行参数都复制到结构体中
    retval= copy_strings(bprm->envc, envp, bprm); //把传入的shell上下文复制到bprm中
if (retval < 0)
        goto out;

    retval =copy_strings(bprm->argc, argv, bprm); // 把传入的命令行参数复制到bprm中
if (retval < 0)
        goto out;

retval = exec_binprm(bprm); //准备交给真正的可执行文件加载器了
 if (retval < 0)
        goto out;
```

（4）exec_binprm()

```
ret = search_binary_handler(bprm);//根据读入的文件头部，寻找此可执行文件的处理函数
```

（5）search_binary_handler()

其中关键的代码如下：

```
list_for_each_entry(fmt, &formats, lh);
retval = fmt->load_binary(bprm);
```

```
//在这个循环中寻找能够解析当前可执行文件的代码并加载出来
//实际调用的是load_elf_binary函数
```

（6）load_elf_binary()

这是一个相当长且复杂的函数。这里简单理解，根据静态、动态链接的不同设置不同的 elf_entry，按照 ELF 文件布局加载到内存中，然后启动新的进程。

```
static int load_elf_binary(struct linux_binprm *bprm)
{
...
        if (elf_interpreter) {
                ................................. // 动态链接的处理
        } else { // 静态链接的处理
                elf_entry =loc->elf_ex.e_entry;
                if (BAD_ADDR(elf_entry)) {
                        retval = -EINVAL;
                        gotoout_free_dentry;
                }
        }
...
/* Now we do a little grungy work by mmapping the ELF image into
        the correct location in memory. */
...
        start_thread(regs, elf_entry,bprm->p);
        retval = 0;
...
}
```

（7）start_thread()

最后是 start_thread。如果读者还记得前文中的系统调用相关的内容，应该对 pt_regs 这个参数有一定的印象。进程切换到内核态前的堆栈位置和返回地址就存储在这个结构里。这里设置为 new_ip，其他如前文代码所示是 elf_entry。等该进程返回用户态时，就转而执行 elf_entry 指向的代码。

```
void
start_thread(struct pt_regs *regs, unsigned long new_ip, unsigned long new_sp)
{
    ...
    regs->ip        = new_ip;
    regs->sp        = new_sp;
```

```
    ...
}
```

2．execve 与 fork 的区别与联系

fork 两次返回，第一次返回到父进程继续向下执行，第二次是子进程返回到 ret_from_fork 后正常返回到用户态。

execve 在执行时陷入内核态，用 execve 中加载的程序把当前正在执行的进程覆盖掉，当系统调用返回时也就返回到新的可执行程序起点。

execve()的系统调用实质是运行的内核态的 sys_execve()函数，大致处理过程简要总结如下。

（1）sys_execve 中的 do_execve()读取 128 个字节的文件头部，以此判断可执行文件的类型。

（2）调用 search_binary_handle()去搜索和匹配合适的可执行文件装载处理过程。

（3）ELF 文件由 load_elf_binary()函数负责装载。load_elf_binary 函数调用了 start_thread 函数，创建新进程的堆栈，其中有 pt_regs 栈底指针。更重要的是修改了中断现场中保存的 EIP 寄存器，这里分静态链接和动态链接两种情况。

❑ 静态链接：elf_entry 指向可执行文件的头部，一般是 main 函数，是新程序执行的起点。新的可执行程序起点的一般地址为 0x8048xxx 的位置，由编译器设定，可能是由于安全上的考虑并不严格固定。

❑ 动态链接：elf_entry 指向 ld（动态链接器）的起点 load_elf_interp。

内核处理这个可执行程序的装载过程，实际上是执行程序装载的一个系统调用，和前面分析的 fork 及其他的系统调用的主要过程是一样的。但是 execve 这个系统调用的内核处理过程和 fork 一样也是比较特殊的。因为正常的一个系统调用都是陷入内核态，再返回到用户态，然后继续执行系统调用后的下一条指令。fork 和其他系统调用不同之处是它在陷入内核态之后有两次返回，第一次返回到原来的父进程的位置继续向下执行，这和其他的系统调用是一样的。在子进程中 fork 也返回了一次，会返回到一个特定的点——ret_from_fork，通过内核构造的堆栈环境，它可以正常返回到用户态，所以它稍微特殊一点。

同样，execve 也比较特殊。当前的可执行程序在执行，执行到 execve 时陷入内核态，在内核里面用 execve 加载的可执行文件把当前进程的可执行程序给覆盖掉了。当 execve 的系统调用返回时，返回的已经不是原来的那个可执行程序了，而是新的可执行程序。execve

返回的是新的可执行程序执行的起点，也就是 main 函数的大致位置。那么 main 函数的执行环境需要程序员来构建好，并加载新的可执行文件的执行环境。

3. 文件格式

shell 环境会执行 execve，把命令行参数和环境变量都加载进来，那么当系统调用陷入内核时，system call 调用 sys_execve，后面的调用顺序是 do_execve -> do_execve_common -> exec_binprm，最后给出的可执行文件。它加载了文件的头部，来判断文件是什么格式，在链表中寻找能够解析这种文件格式的内核模块。

```
list_for_each_entry(fmt, &formats, lh) {
        if (!try_module_get(fmt->module))
            continue;
        read_unlock(&binfmt_lock);
        bprm->recursion_depth++;
        retval = fmt->load_binary(bprm);
        read_lock(&binfmt_lock);
```

这里的 fmt 是链表中的一个节点，该节点能解析 ELF 文件格式执行的位置。这个位置实际上执行的是 load_elf_binary，其内部是 ELF 文件格式解析的部分，需要和 ELF 文件格式标准相关联。这里有一个技巧，如果看 load_elf_binary 对应的模块，也就是 elf_format 这个全局变量，在变量声明时实际上是把 load_elf_binary 赋给了结构体的一个成员，即一个函数指针。

```
static struct linux_binfmt elf_format = {
  .module      = THIS_MODULE,
  .load_binary    = load_elf_binary,
  .load_shlib = load_elf_library,
  .core_dump    = elf_core_dump,
  .min_coredump    = ELF_EXEC_PAGESIZE,
};
static int __init init_elf_binfmt(void)
{
    register_binfmt(&elf_format);
    return 0;
}
```

在 init_elf_binfmt 函数中，把 elf_format 变量注册在内核的 fmt 链表中，所以可以在链表里找到对应模块来解析 ELF 文件格式的头部。实际上是观察者模式的观察者，上面的 list_for_each_entry 函数相当于被观察者，elf_format 是观察者。当出现一个 ELF 文件格式时，那么观察者就能自动执行 load_elf_binary，这是一种多态的机制，本质上就是一个观察者模式。

7.4.3　庄周梦蝶

在解析 ELF 文件格式的代码时还有一个很关键的位置，就是 load_elf_binary 里面还有一个 start_thread。start_thread 是一个比较关键的地方，上节所述除了观察者模式外，其他都和传统的系统调用是一样的，读者可以进一步步追踪。这里特殊之处在于，在 load_elf_binary 中调用的 start_thread 函数有参数：pt_regs，和 new_ip,new_sp。该函数通过参数修改了 pt_regs（就是内核堆栈的栈底的那一部分）。在发生系统调用时，内核把 new_ip,new_sp 都压栈了，那么当一个新进程执行时，内核需要把它的起点位置替换掉，也就是 new_ip。读者最好阅读 start_thread(regs，elf_entry, bprm->p) 的源代码，从源码中可以看出对于一个静态链接的可执行文件，elf_entry 就是可执行文件的 entry。在一个新的可执行文件返回到用户态之前，需要将进入内核时压入内核栈的 eip 修改掉，用新的可执行程序的起点来修改。当然，动态链接的过程更复杂一点。

最后强调一下这里在正常流程外的小手段：修改原来保存下来的堆栈，特别是修改原来保存下来的返回地址。这个技巧在下一章进程切换时也会用到，希望读者仔细体会如下两点。

❑　所谓进程切换的关键在内核堆栈上，修改内核堆栈上的返回地址后返回到用户态进程就完全变了。

❑　在内核态其实可以理解为不分进程的，进了内核就不分了，都是内核代码。只在离开内核返回到用户态进程才有意义，才会再次运行可执行文件中的代码。

再浏览了一下 Linux 内核加载可执行程序过程，和古代庄生梦蝶的故事比较相似。

昔者庄周梦为胡蝶，栩栩然胡蝶也，自喻适志与，不知周也。俄然觉，则蘧蘧然周也。不知周之梦为胡蝶与？胡蝶之梦为周与？周与胡蝶，则必有分矣。此之谓物化。（《庄子·齐物论》）

庄周疑惑：是我梦到了蝴蝶，还是蝴蝶梦到了我呢？

如果把 fork 出来的 shell 程序的子进程比作庄子，它调用 execve 系统调用进入内核即入睡了（shell 子进程本身停止执行）。进入内核的 execve 系统调用加载了一个新的可执行程序（比如前文中的 hello 程序），execve 系统调用 return 返回到用户态时发现自己已经不是原来的 shell 子进程，而是 hello 程序。如果 hello 程序内部也执行 execve 系统调用加载 shell 程序，同样返回到用户态（醒来）发现自己是 shell 进程了。这两者总是相对的，你可以装载我，我可以装载你。但都是同一个进程，只是进程里的可执行程序被替换掉了，这是一个比较有意思的现象。

- ❑　庄周（调用 execve 加载可执行程序——蝴蝶）。

- ❑　入睡（调用 execve 陷入内核）。

- ❑　醒来（系统调用 execve 返回用户态）。

- ❑　发现自己是蝴蝶（被 execve 加载的可执行程序）。

- ❑　反之，蝴蝶调用 execve 加载可执行程序——庄周。

- ❑　蝴蝶（调用 execve 加载可执行程序——庄周）。

- ❑　入睡（调用 execve 陷入内核）。

- ❑　醒来（系统调用 execve 返回用户态）。

- ❑　发现自己是庄周（被 execve 加载的可执行程序）。

真是人生如梦！量子理论也提供了意识独立存在的可能性，至少离开我们的肉体能短暂地独立存在。

7.4.4　小结

读者可以从以下 3 点来验证自己对本章学习内容的理解。建议最好先不要看结论，而是自己总结。

（1）可执行文件开始执行的起点在哪里？如何才能让 execve 系统调用返回到用户态时执行新程序？

追根溯源，可执行文件开始执行的起点在修改调用 execve 系统调用时压入内核堆栈的 EIP 寄存器的值，因为此时标志着当前进程的可执行文件已经被完全替换为新的可执行文件了，但实际开始执行可执行文件中的指令还需要等到执行可执行文件中定义的入口地址的位置，一般地址为 0x8048xxx 的位置。

通过修改内核堆栈中 EIP 寄存器的值作为新程序的起点，让 execve 系统调用返回到用户态时执行新程序。

（2）Linux 内核是如何支持多种不同的可执行文件格式的？

```
static int init_elf_binfmt(void)
{
```

```
    register_binfmt(&elf_format);//把变量注册进内核链表,在链表里查找文件的格式
    return 0;
}
```

（3）两种加载的方法

❑　静态库：直接执行可执行程序的入口。

❑　动态库：由 ld 来动态链接这个程序，再把控制权移交给可执行程序的入口。

7.5　单元测试题

1．选择题

（1）在 Linux 下，hello.c 生成 hello 可执行程序的过程中，gcc -S hello.cpp -o hello.s 是哪个过程？（　　　）

A．预处理　　　　　　B．编译　　　　　　C．汇编　　　　　　D．链接

（2）在 Linux 下有 3 种目标文件格式，它们是（　　　）。

A．汇编文件格式　　　　　　　　　　B．共享目标文件格式

C．可执行文件格式　　　　　　　　　D．可重定位文件格式

（3）运行时动态装载链接至少需要用到以下哪些函数？（　　　）

A．dlopen　　　　　　B．dlclose　　　　　　C．dlsym

2．判断题

（1）一般系统调用库函数 API 的参数传递过程，比如 execve 系统调用，先进行函数调用参数传递，然后系统调用参数传递，最后又进行函数调用参数传递。　　　　　　（　　　）

（2）下面代码生成的可执行程序运行结果中不会出现 after。　　　　　　　　（　　　）

```c
#include <stdio.h>
#include <unistd.h>
int main()
{
    char*arglist[3];
    arglist[0] = "ls";
    arglist[1] = "-l";
```

```
    arglist[2] = 0 ;
    printf("before\n");
    execvp( arglist[0] , arglist );
    printf("after\n");
}
```

（3）execve 系统调用加载需要动态链接的可执行文件前要先加载其依赖的动态链接库（共享库）。   （   ）

3．填空题

（1）在 Linux 下可以使用（   ）命令查看分析 ELF 格式文件。

（2）动态连接有两种形式：可执行程序装载时动态连接和（   ）动态链接。

（3）在 execve 执行静态链接程序时，通过修改内核堆栈中保存的（   ）的值作为新进程的起点。

（4）显示可执行文件 hello 的节区表的指令是（   ）。

7.6　实验

使用 gdb 跟踪分析 execve 系统调用内核处理函数 sys_execve。

1．实验要求

理解编译链接的过程和 ELF 可执行文件格式。

编程使用 exec*库函数加载一个可执行文件，动态链接分为可执行程序装载时动态链接和运行时动态链接，编程练习动态链接库的这两种使用方式。

使用 gdb 跟踪分析一个 execve 系统调用内核处理函数 sys_execve，验证你对 Linux 系统加载可执行程序所需处理过程的理解。

需要特别关注新的可执行程序是从哪里开始执行的？为什么 execve 系统调用返回后新的可执行程序能顺利执行？对于静态链接的可执行程序和动态链接的可执行程序，execve 系统调用返回时会有什么不同？

2．实验步骤

（1）将 menu 目录删除，利用 git 命令克隆一个新的 menu 目录。

```
rm menu -rf
git clone https://github.com/mengning/menu.git
```

（2）用 test_exec.c 将 test.c 覆盖，然后重新编译 rootfs。查看代码可以发现，除了增加了 execlp 函数以外，还在 Makefile 中编译了 hello.c，然后在生成根文件系统时把 init 和 hello 都放到 rootfs.img 中。在这个实验中，hello 就是一个加载进来的可执行文件。

```
mv test_exec.c test.c
make rootfs
```

（3）使用 help 命令可以看到增加了 exec 指令，执行 exec 指令发现比 fork 指令增加了一行输出"hello world！"。实际上是新加载了一个可执行程序来输出了一行语句。

（4）启动内核到调试的状态，加载符号表并设置端口，准备单步调试。

```
qemu-system-x86_64 -kernel bzImage -initrd /home/YL/rootfs.img -S -s  file ../linu
x-3.18.6/vmlinux  target remote:1234
```

（5）启动新的终端窗口开始 gdb 调试，设置断点到设置断点到"sys_exec""load_elf_binary""start_thread"（可以先停在"sys_exec"之后再设置其他断点）。

```
b sys _ exec
b load _ elf _ binary
b start _ thread
```

（6）进入"sys_exec"函数内部发现调用了"do_execve()"函数继续执行到"load_elf_binary"处的断点，此时调用这个函数进行对可执行文件格式的解析（"load_elf_binary"函数在"do_execve_common"的内部，具体调用关系可参照上文的流程）。

（7）继续执行到"start_thread"处的断点。因为是静态链接，"elf_entry"指向了可执行文件中定义的入口地址。使用"po new_ip"指令打印其指向的地址，"new_ip"是返回到用户态的第一条指令的地址。查看 hello 的 elf 头部，查看定义的入口地址与"new_ip"所指向的地址是否一致。

（8）继续单步执行，可以看到加载新可执行程序的一系列数据，并构造新的代码段。

第**8**章
进程的切换和系统的一般执行过程

本章重点关注进程切换的过程，也就是进程调度时机来临时从就绪进程队列中挑选一个进程执行，占用 CPU 时间。这部分主要有两个关键的问题：一是什么时间去挑选一个就绪进程？即进行调度的时机；二是如何让进程占用 CPU？即进程切换的过程。这是重点和难点，在此基础上本章将简要概述操作系统的基本构成与一般执行过程。

8.1 进程调度的时机

8.1.1 硬中断与软中断

先从中断说起，因为进程调度的时机都与中断相关。中断有很多种，都是程序执行过程中的强制性转移，转移到操作系统内核相应的处理程序。中断在本质上都是软件或者硬件发生了某种情形而通知处理器的行为，处理器进而停止正在运行的指令流（当前进程），对这些通知做出相应反应，即转去执行预定义的中断处理程序（内核代码）。

除了主动让出 CPU 外，进程的调度都需要在进程外（内核）进行，这就需要从进程的指令流里切换出来。中断能起到切出进程指令流的作用，中断处理程序是与进程无关的内核指令流。进程调度的时机基本都是中断处理后，相当于已经在进程之外了。运行完内核代码后，CPU 顺带检查一下是否需要进程调度。需要则切换进程（本质上是切换两个进程的内核堆栈），不需要则一路顺着函数调用堆栈正常中断返回 iret，这样就自然回到原进程继续运行了。

ntel 定义的中断类型主要有以下几种。

1. 硬中断（Interrupt）

硬中断就是 CPU 的两根引脚（可屏蔽中断和不可屏蔽中断）。CPU 在执行每条指令后检测这两根引脚的电平，如果是高电平，说明有中断请求，CPU 就会中断当前程序的执行去处理中断。一般外设都是以这种方式与 CPU 进行信号传递的，如时钟、键盘、硬盘等。

2. 软中断/异常（Exception）

包括除零错误、系统调用、调试断点等在 CPU 执行指令过程中发生的各种特殊情况统称为异常。异常会导致程序无法继续执行，而跳转到 CPU 预设的处理函数。

异常分为如下 3 种。

❑ 故障（Fault）：故障就是有问题了，但可以恢复到当前指令。例如除 0 错误、缺页中断等。

❑ 退出（Abort）：简单说是不可恢复的严重故障，导致程序无法继续运行，只能退出了。例如连续发生故障（double fault），见二维码 41。

二维码41

❑ 陷阱（Trap）：程序主动产生的异常，在执行当前指令后发生。前几章提及的系统调用（int 0x80）以及调试程序时设置断点的指令（int 3）都属于这类。简单说就是程序自己要借用中断这种机制进行转移，所以在有些书中也称为"自陷"。从 CPU 的视角，其处理机制与其他中断处理方式并无区别，本书只是以系统调用为例介绍一般的中断机制。

以上内容基本来自 Intel 硬件手册，操作系统需要提供每种中断相应的处理函数。具体中断处理流程这里不再深入讲解，有兴趣的读者可以查阅 Intel 官网获取资料。

8.1.2　进程调度时机

1. schedule 函数

Linux 内核通过 schedule 函数实现进程调度，schedule 函数在运行队列中找到一个进程，把 CPU 分配给它。所以调用 schedule 函数一次就是调度一次，调用 schedule 函数的时候就是进程调度的时机。schedule 函数见/linux-3.18.6/kernel/sched/ core.c#2865（见二维码 42）。

调用 schedule 函数的两种方法如下。

❑ 进程主动调用 schedule()，如进程调用阻塞的系统调用等待外设或主动睡眠等，最终都会在内核中调用到 schedule 函数。

❑ 松散调用，内核代码中可以随时调用 schedule()使当前内核路径（中断处理程序或内核线程）让出 CPU；也会根据 need_resched 标记做进程调度，内核会在适当的时机检测 need_resched 标记，决定是否调用 schedule()函数。

2．上下文

一般来说，CPU 在任何时刻都处于以下 3 种情况之一。

❑ 运行于用户空间，执行用户进程上下文。

❑ 运行于内核空间，处于进程（一般是内核线程）上下文。

❑ 运行于内核空间，处于中断（中断处理程序 ISR，包括系统调用处理过程）上下文。

应用程序通过系统调用陷入内核，或者当外部设备产生中断时，抬高 CPU 中断引脚电平，CPU 就会调用相应的中断处理程序来处理该中断（包括系统调用），此时 CPU 处于中断上下文。

中断上下文代表当前进程执行，所以中断上下文中的 get_current 可获取一个指向当前进程的指针，是指向被中断进程或即将运行的就绪进程的，相应的硬件上下文件切换信息也存储于该进程的内核堆栈中。由于中断的级别不同，有不可屏蔽中断、可屏蔽中断、陷阱（系统调用）、异常等。为了整个系统的运行效率，中断上下文中调用其他内核代码有一定的限制。

内核线程以进程上下文的形式运行在内核空间中，本质上还是进程，但它有调用内核代码的权限，比如主动调用 schedule()函数让出 CPU 等。

3．进程调度的时机

进程调度时机就是内核调用 schedule 函数的时机。当内核即将返回用户空间时，内核会检查 need_resched 标志是否设置。如果设置，则调用 schedule 函数，此时是从中断（异常/系统调用）处理程序返回用户空间的时间点作为一个固定的调度时机点。

除了这个固定的调度时机点外，内核线程和中断处理程序中任何需要暂时中止当前执行路径的位置都可以直接调用 schedule()，比如等待某个资源就绪。

这里简单总结进程调度时机如下。

❑ 用户进程通过特定的系统调用主动让出 CPU。

❑ 中断处理程序在内核返回用户态时进行调度。

❑　内核线程主动调用 schedule 函数让出 CPU。

❑　中断处理程序主动调用 schedule 函数让出 CPU，涵盖以上第一种和第二种情况。

Linux 内核中没有操作系统原理中定义的线程概念。从内核的角度看，不管是进程还是内核线程都对应一个 task_struct 数据结构，本质上都是进程。Linux 系统在用户态实现的线程库 pthread 是通过在内核中多个进程共享一个地址空间实现的。

另外需要特别说明的是，本书实验是基于 Linux-3.9.2 内核设计的，书中的大多内容也是基于 Linux-3.9.2 内核。除特别说明外一般也适用于 Linux-3.0 之后的其他版本内核，但不适用于 Linux-3.0 之前的内核，比如 Linux-2.4 和 Linux-2.6。新版内核中断处理程序中没有上半部下半部的概念，下半部都统一到内核线程中来处理。新版内核在中断处理程序、内核线程和用户进程上抽象得更加干净清晰，在设计质量和代码质量上都有显著改善。

8.2　调度策略与算法

调度算法就是从就绪队列中选一个进程。一般来说就是挑最重要的、最需要的（最着急的）、等了最长时间的（排队）等，和人类排队抢资源很相似。

❑　调度策略：首先要考虑这个算法的整体目标，是追求资源利用率最高，还是追求响应最即时，或是追求其他的特定目标？为了满足定下的这些目标，就需要找对应的方法或机制作为对策，这就是调度策略。

❑　调度算法：接下来考虑如何实现调度策略并满足设定的目标。是用数组、链表、图，还是树来存储就绪进程呢？在加入就绪队列时就排序，还是调度时再排序？时间复杂度可以接受吗？这些具体的实现就是调度算法。

8.2.1　进程的分类

从不同的视角看，进程可以有多种不同的分类方式。这里选取两种和调度相关的分类方式。

1．进程的分类 1

❑　I/O 消耗型进程。典型的像需要大量文件读写操作的或网络读写操作的，如文件服务器的服务进程。这种进程的特点就是 CPU 负载不高，大量时间都在等待读写数据。

❑　处理器消耗型进程。典型的像视频编码转换、加解密算法等。这种进程的特点就是 CPU 占用率为 100%，但没有太多硬件进行读写操作。

在实际的进程调度中要综合考虑这两种类型的进程，通过组合以达到较好的资源利用率。

2．进程的分类 2

❑　交互式进程。此类进程有大量的人机交互，因此进程不断地处于睡眠状态，等待用户输入，典型的应用比如编辑器 VIM。此类进程对系统响应时间要求比较高，否则用户会感觉系统反应迟缓。

❑　批处理进程。此类进程不需要人机交互，在后台运行，需要占用大量的系统资源，但是能够忍受响应延迟，比如编译器。

❑　实时进程。实时进程对调度延迟的要求最高，这些进程往往执行非常重要的操作，要求立即响应并执行。比如视频播放软件或飞机飞行控制系统，很明显这类程序不能容忍长时间的调度延迟，轻则影响电影放映效果，重则机毁人亡。

根据进程的不同分类，Linux 采用不同的调度策略。早期的很多用户共享一台小型机，调度算法追求吞吐率、利用率、公平性；当代桌面系统更强调响应性，而嵌入式系统更强调实时性。当前 Linux 系统的解决方案是，对于实时进程，Linux 采用 FIFO（先进先出）或者 Round Robin（时间片轮转）的调度策略。对其他进程，当前 Linux 采用 CFS（Completely Fair Scheduler）调度器，核心思想是"完全公平"。这个设计理念不仅大大简化了调度器的代码复杂度，还对各种调度需求的提供了更完美支持。

在写此文时，作者的微信共占用 CPU 时间 7 小时，期间经过了 4741853 次上下文切换，约每次运行 0.0053 秒。

8.2.2　调度策略

Linux 支持以下基本的调度策略，以满足不同进程的调度需求。这相当于按照进程的调度方式对进程进行分类，具体的策略如下。

```
/*
 * Scheduling policies
 */

#define SCHED_NORMAL   0 //普通进程
#define SCHED_FIFO     1 //实时进程
```

```
#define SCHED_RR        2  //实时进程
#define SCHED_BATCH     3  //保留，未实现
#define SCHED_IDLE      5  //idle进程
```

Linux 系统中常用的几种调度策略为 SCHED_NORMAL、SCHED_FIFO、SCHED_RR。其中 SCHED_NORMAL 是用于普通进程的调度类，而 SCHED_FIFO 和 SCHED_RR 是用于实时进程的调度类，优先级高于 SCHED_NORMAL。内核中根据进程的优先级来区分普通进程与实时进程，Linux 内核进程优先级为 0～139，数值越高，优先级越低，0 为最高优先级。实时进程的优先级取值为 0～99；而普通进程只具有 nice 值，nice 值映射到优先级为 100～139。子进程会继承父进程的优先级。对于实时进程，Linux 系统会尽量使其调度延时在一个时间期限内，但是不能保证总是如此，不过正常情况下已经可以满足比较严格的时间要求了。下面将分别介绍这些调度类。

1. SCHED_FIFO 和 SCHED_RR

实时进程的优先级是静态设定的，而且始终大于普通进程的优先级。因此只有当就绪队列中没有实时进程的情况下，普通进程才能够获得调度。实时进程采用两种调度策略：SCHED_FIFO 和 SCHED_RR。SCHED_FIFO 采用先进先出的策略，对于所有相同优先级的进程，最先进入就绪队列的进程总能优先获得调度，直到其主动放弃 CPU。SCHED_RR（Round Robin）采用更加公平的轮转策略，比 FIFO 多一个时间片，使得相同优先级的实时进程能够轮流获得调度，每次运行一个时间片。

2. SCHED_NORMAL

Linux-2.6 之后的内核版本中，SCHED_NORMAL 使用的是 Linux-2.6.23 版本内核中引入的 CFS（Complete Fair Scheduler）调度管理程序。如果同时运行只有两个相同优先级的进程，它们分到的 CPU 时间各是 50%。如果优先级不同，比如有两个进程，对应的 nice 值分别为 0（普通进程）和+19（低优先级进程），那么普通进程将会占有 19/20×100%的 CPU 时间，而低优先级进程将会占有 1/20×100%的 CPU 时间（按优先级占不同比例的时间，具体数值只做举例说明，Linux 内核中计算出来的数值会不一样）。这样每个进程能够分配到的 CPU 时间占有比例跟系统当前的负载（所有处于运行态的进程数以及各进程的优先级）有关，同一个进程在本身优先级不变的情况下分到的 CPU 时间占比会根据系统负载变化而发生变化，即与时间片没有一个固定的对应关系。

CFS 算法对交互式进程的响应较好，由于交互式进程基本处于等待事件的阻塞态中，执行的时间很少，而计算类进程在执行的时间会比较长。如果计算类进程正在执行时，交互式进程等待的事件发生了，CFS 马上就会判断出交互式进程在之前时间段内执行的时间

很少，那么 CFS 将会立即使交互式的进程占有 CPU 开始执行，因此系统总是能及时响应交互式进程。

8.2.3　CFS 调度算法

CFS 即为完全公平调度算法，其基本原理是基于权重的动态优先级调度算法。每个进程使用 CPU 的顺序由进程已使用的 CPU 虚拟时间（vruntime）决定，已使用的虚拟时间越少，进程排序就越靠前，进程再次被调度执行的概率也就越高。每个进程每次占用 CPU 后能够执行的时间（ideal_runtime）由进程的权重决定，并且保证在某个时间周期（__sched_period）内运行队列里的所有进程都能够至少被调度执行一次。其核心思想简要介绍如下。

1．调度周期（__sched_period）

__sched_period = nr_running(进程数) * sysctl_sched_min_granularity（默认值为 0.75ms），也就是说调度周期是和排队的进程总数相关的。进程越多，调度周期越长，但又不能太长，上限默认值为 8ms。这里存在权衡折中，周期太长影响响应速度，周期太短又会导致调度太频繁。

2．理论运行时间（ideal_runtime）

❑　ideal_runtime= __sched_period*进程权重/运行队列总权重。

❑　每次进程获取 CPU 后最长可占用 CPU 的时间为 ideal_runtime。

3．虚拟运行时间（vruntime）

每一个进程拥有一个 vruntime，每次需要调度时就选运行队列中拥有最小 vruntime 的那个进程来运行，最长可运行时间为 ideal_runtime。vruntime 在时钟中断里面被维护，每次时钟中断以及进程就绪、阻塞等状态变化都要更新当前进程的 vruntime，其计算方式如下。

```
if se->load.weight != NICE_0_LOAD
vruntime+= delta_exec;
else
vruntime+= delta_exec *NICE_0_LOAD/se.load->weight
```

如上代码简要解释如下。

❑　se 即 schedule entity，存储进程中调度相关属性的结构体。

❑　se->load.weight 代表当前进程的权重。

❑　NICE_0_LOAD 表示 nice 值为 0 的进程的权重。

❑　delta_exec 代表当前进程本次运行时间。

为避免新进程长期占用 CPU，新进程的 vruntime 会设置为一定的初始值，而非 0。

可以看到如果该进程是 0 优先级，那么它的虚拟时间等于实际执行的物理时间，权重越大，它的虚拟时间增长的慢。在每次更新完 vruntime 之后，将会进行一次检查，决定是否需要设置调度标志 need_schedule。当从系统中断返回时会检查该标志，并按需进行调度。

4．时钟中断周期

Linux 传统默认时钟周期为 10ms（param.h 中 HZ 定义），而 Linux-3.9 版本内核为 4ms，于 boot 目录下的 config-x.x.x 文件中 CONFIG_HZ 配置该值，时钟中断为每 1/CONFIG_HZ 秒。

5．Linux 传统优先级与权重的转换关系是经验值

```
static const int prio_to_weight[40] = {
/* -20 */ 88761, 71755, 56483, 46273, 36291, 1411
/* -15 */ 29154, 23254, 18705,14949,11916, 1412
/* -10 */ 9548, 7620,6100, 4904, 3906, 1413
/* -5 */ 3121, 2501, 1991, 1586, 1277,
...
}
```

6．就绪进程排序与存储

Linux 采用红黑树（rb_tree）来存储就绪进程指针，当进程插入就绪队列时根据 vruntime 排序，调度时只需选择最左的叶子节点即可。

限于篇幅，本文不再深入分析 CFS 的实现细节，更多源码可见 kernel/sched/fair.c。

本书重点关注操作系统在硬件 CPU 的执行过程，故没有详细探讨和验证调度策略和调度算法相关问题，感兴趣的读者请查阅操作系统调度策略和调度算法的其他相关资料。

8.3　进程上下文切换

8.3.1　进程执行环境的切换

为了控制进程的执行，内核必须有能力挂起正在 CPU 中运行的进程，并恢复执行以前

挂起的某个进程。这种行为被称为进程切换，任务切换或进程上下文切换。尽管每个进程可以拥有属于自己的地址空间，但所有进程必须共享 CPU 及寄存器。因此在恢复一个进程执行之前，内核必须确保每个寄存器装入了挂起进程时的值。进程恢复执行前必须装入寄存器的一组数据，称为硬件上下文。读者可以将其想象成对 CPU 的某时刻的状态拍了一张"照片"，"照片"中有 CPU 所有寄存器的值。进程切换就是拍一张当前进程所有状态保存下来，其中就包括硬件上下文，然后将导入一张之前保存下来的其他进程的所有状态信息恢复执行。

进程上下文包含了进程执行需要的所有信息。

❑　用户地址空间：包括程序代码、数据、用户堆栈等。

❑　控制信息：进程描述符、内核堆栈等。

❑　硬件上下文，相关寄存器的值。

进程切换就是变更进程上下文，最核心的是几个关键寄存器的保存与变换。

❑　CR3 寄存器代表进程页目录表，即地址空间、数据。

❑　ESP 寄存器（内核态时）代表进程内核堆栈（保存函数调用历史），struct thread、进程控制块、内核堆栈存储于连续 8KB 区域中，通过 ESP 获取地址。

❑　EIP 寄存器及其他寄存器代表进程硬件上下文，即要执行的下条指令（代码）及环境。

这些寄存器从一个进程的状态切换到另一个进程的状态，进程切换就算完成了。

按照原本 80x86 体系结构的设计，进程切换使用一个特殊的专用段类型——任务状态段（Task State Segment, TSS）来存放硬件上下文。Linux 并不使用 TSS 进行硬件上下文切换，但是依然为系统中每个不同的 CPU 创建一个 TSS，主要保存不同运行级别（ring0-3）的堆栈信息。此外，每个进程描述符包含一个类型为 thread_struct 的 thread 字段，只要进程被切换出去，内核就把其硬件上下文保存在这个结构中。这个数据结构包含的字段涉及大部分 CPU 寄存器，但不包括诸如 eax、ebx 等通用寄存器，它们的值保留在内核堆栈中。

在实际代码中，每个进程切换基本由两个步骤组成。

❑　切换页全局目录（CR3）以安装一个新的地址空间，这样不同进程的虚拟地址如 0x8048400 就会经过不同的页表转换为不同的物理地址。

❑ 切换内核态堆栈和硬件上下文，因为硬件上下文提供了内核执行新进程所需要的所有信息，包含 CPU 寄存器状态。

8.3.2 核心代码分析

二维码43

schedule()函数选择一个新的进程来运行，并调用 context_switch 进行上下文的切换。context_switch 首先调用 switch_mm 切换 CR3，然后调用宏 switch_to 来进行硬件上下文切换。context_switch 部分关键代码及分析摘录如下。context_switch 函数见/linux-3.18.6/kernel/sched/core.c#2336（见二维码 43）。

1. 地址空间切换

地址空间切换的关键代码在 load_cr3，将下一进程的页表地址装入 CR3。从这里开始，所有虚拟地址转换都使用 next 进程的页表项。当然因为所有进程对内核地址空间是相同的，所以在内核态时，使用任意进程的页表转换的内核地址都是相同的。这也是本书配套课程视频中我们忽略了地址空间的切换，但整个逻辑并不受影响的原因。

```
static inline void
context_switch(struct rq *rq, struct task_struct *prev,
        struct task_struct *next)
{
...
    if (unlikely(!mm)) { /* 如果被切换进来的进程的mm为空切换，内核线程mm为空 */
        next->active_mm = oldmm; /* 将共享切换出去进程的active_mm */
        atomic_inc(&oldmm->mm_count); /* 有一个进程共享，所有引用计数加一 */
        /* 将per cpu变量cpu_tlbstate状态设为LAZY */
        enter_lazy_tlb(oldmm, next);
    } else /* 普通mm不为空，则调用switch_mm切换地址空间 */
        switch_mm(oldmm, mm, next);
...
    /* 这里切换寄存器状态和栈 */
    switch_to(prev, next, prev);
...
}
static inline void switch_mm(struct mm_struct *prev, struct mm_struct *next,
            struct task_struct *tsk)
{
    ...
        if (!cpumask_test_and_set_cpu(cpu, mm_cpumask(next))) {
```

167

```
        load_cr3(next->pgd);  //地址空间切换
        load_LDT_nolock(&next->context);
    }
  }
#endif
}
```

2. 堆栈及硬件上下文

该部分是内联汇编代码，在此编者加入了部分注释，以方便阅读。如果读者对汇编不是很了解，可以直接跳过此部分，阅读简化后的伪代码。宏 switch_to 见/linux-3.18.6/arch/x86/include/asm/switch_to.h#31（见二维码 44）。

二维码44

```
31 #define switch_to(prev, next, last)
32 do {
33  /*
34   * Context-switching clobbers all registers, so we clobber
35   * them explicitly, via unused output variables.
36   * (EAX and EBP is not listed because EBP is saved/restored
37   * explicitly for wchan access and EAX is the return value of
38   * __switch_to())
39   */
40  unsigned long ebx, ecx, edx, esi, edi;
41
42  asm volatile("pushfl\n\t"            /* 保存当前进程flags */
43          "pushl %%ebp\n\t"           /* 当前进程堆栈基址压栈*/
44          "movl %%esp,%[prev_sp]\n\t"  /*保存ESP，将当前堆栈栈顶保存起来*/
45          "movl %[next_sp],%%esp\n\t"  /*更新ESP，将下一栈顶保存到ESP中*/
                        //完成内核堆栈的切换

46          "movl $1f,%[prev_ip]\n\t"    /*保存当前进程EIP*/
47          "pushl %[next_ip]\n\t"       /*将next进程起点压入堆栈，即next进程的栈顶为起点*/
48                  __switch_canary
                        //next_ip一般是$1f,对于新创建的子进程是ret_from_fork
49          "jmp __switch_to\n"         /*prev进程中，设置next进程堆栈*/
                        //jmp不同于call，是通过寄存器传递参数，而不是通过堆栈传递参数
                        //所以ret时弹出的是之前压入栈顶的next进程起点
                        //完成EIP的切换
50          "1:\t"               //next进程开始执行
51          "popl %%ebp\n\t"
```

168

```
52            "popfl\n"
53
54            /*输出量定义*/
55            : [prev_sp] "=m" (prev->thread.sp),      //保存prev进程的esp
56              [prev_ip] "=m" (prev->thread.ip),      //保存prev进程的eip
57              "=a" (last),
58
59              /* 要破坏的寄存器: */
60              "=b" (ebx), "=c" (ecx), "=d" (edx),
61              "=S" (esi), "=D" (edi)
62
63              __switch_canary_oparam
64
65              /* 输入变量: */
66            : [next_sp] "m" (next->thread.sp),      //next进程内核堆栈栈顶地址，即esp
67              [next_ip] "m" (next->thread.ip),      //next进程的原eip
68              //[next_ip]下一个进程执行起点，，一般是$1f，对于新创建的子进程是
ret_from_fork
69              /* regparm parameters for __switch_to(): */
70              [prev]     "a" (prev),
71              [next]     "d" (next)
72
73              __switch_canary_iparam
74
75            : /* 重新加载段寄存器 */
76              "memory");
77 } while (0)
```

为了阅读方便，将上述代码简化为如下 C 语言和汇编结合的伪代码。

```
pushfl
pushl %ebp  //s0 准备工作

prev->thread.sp=%esp //s1
%esp=next->thread.sp //s2
prev->thread.ip=$1f  //s3

push next->thread.ip //s4
jmp _switch_to       //s5

1f:
popl %%ebp           //s6，与s0对称
popfl
```

再结合如图 8-1 所示的进程切换关键环节分析示意图，详细分析这段代码。

从伪代码中可以看出，s0 两句在 prev 的堆栈中压入了 EFLAG 和 EBP 寄存器。

（1）s1 将当前的 ESP 寄存器保存到 prev->thread.sp 中。

（2）s2 将 ESP 寄存器替换为 next->thread.sp。如果说非要找一条指令，在该指令后，进程从 prev 变为 next，那就是这一条。原因如下。

- 每个进程的进程控制块与内核堆栈在内核中占连续 8KB 的内存。

- 内核中 get_current 用来获取当前进程，get_current 是利用 ESP 寄存器低 14 比特置 0 来实现的（8KB 对齐）。所以 ESP 寄存器切换之后，再调用 get_current 得到的进程指针就是 next 进程。

（3）s3 保存$1f 这个位置对应的内存地址到 prev->thread.ip。这里请读者思考一个问题，next->thread.ip 存储的是哪条指令的地址？next 的堆栈是什么样子？

答案在图中当然已经给出来了，这次的 prev 进程一般是之后发生的某次进程调度和进程切换的 next 进程，除非 prev 进程让出 CPU 后终止。如图 8-1 右侧所示，这里用虚线标出了 next 进程的内核空间中相关字段的值。因为上面代码中并没有直接给出 next 这些值的设置代码，所以这里用虚线，表示是猜测的。当此刻的 prev 进程被调度回来时，以上猜测显然是正确的，实际也是如此。

（4）s4 在堆栈上压了$1f 这个地址，此刻是 next 进程的堆栈。

（5）s5 是一条 jmp，跳转到一个 c 函数__switch_to，函数不是很长，读者可以自行阅读源码，图 8-1 中给出了需要关注的部分代码。

- 首先是 jmp 与 return 的搭配。通常是 call 与 return 搭配，call 会自动压栈返回地址，return 会弹出返回地址。jmp 不会压栈，那么 return 弹出的当然是当前的栈顶了，就是$1f 标识所在之处，也是 s4 压入的值。所以 s4+s5，模拟了一个 call，但可以自由地控制__switch_to 的返回地址。

- fastcall 关键字告诉编译器使用 eax 和 edx 传递参数，对应源代码中第 70 和 71 行的设置。

（6）s6，当到达此处就说明是一个相当正常的下一进程在运行了，对称地把 s0 压的数据弹出。那么中间切了堆栈你注意到了吗？

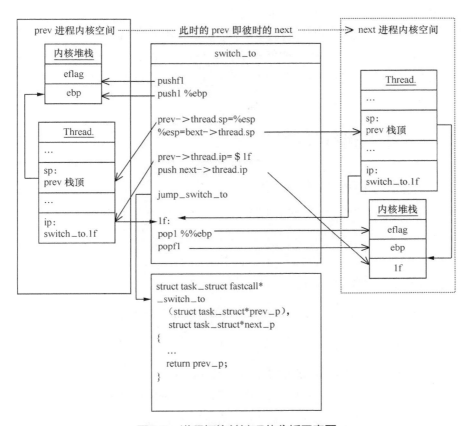

图8-1　进程切换关键环节分析示意图

接下来的部分就要靠对函数调用堆栈的理解了，其实堆栈存储了进程所有的函数调用历史，所以剩下的只要顺着堆栈返回上一级函数即可。由于__switch_to 是被 schedule()函数调用的，而 schedule()函数又在其他系统调用函数中被调用，比如 sys_exit()中，所以先返回到 next 进程上次切换让出 CPU 时的 schedule()函数中，然后返回到调用 schedule()的系统调用处理过程中。而系统调用又是在用户空间通过 int 0x80 触发的，所以通过中断上下文返回到系统调用被触发的地方，接着执行用户空间的代码。这样就回到了 next 进程的用户空间代码。注意由于此时的返回路径是根据 next 堆栈中保存的返回地址来返回的，所以肯定会返回到 next 进程中。

进程上下文切换时需要保存要切换进程的相关信息（如 thread.sp 与 thread.ip），这与中断上下文的切换是不同的。中断是在一个进程当中从进程的用户态到进程的内核态，或从进程的内核态返回到进程的用户态，而切换进程需要在不同的进程间切换。但一般进程上

171

下文切换是嵌套到中断上下文切换中的，比如前述系统调用作为一种中断先陷入内核，即发生中断保存现场和系统调用处理过程。其中调用了 schedule 函数发生进程上下文切换，当系统调用返回到用户态时会恢复现场，至此完成了保存现场和恢复现场，即完成了中断上下文切换。而本节前述内容主要关注进程上下文切换，请读者注意理清两者之间的关系。

8.4　Linux 系统的运行过程

1. Linux 系统的一般执行过程

基于前面几章内容的学习，读者可以想象一下 Linux 系统的整体运行过程。其中最基本和一般的场景是：正在运行的用户态进程 X 切换到用户态进程 Y 的过程，具体表述如下。

（1）正在运行的用户态进程 X。

（2）发生中断（包括异常、系统调用等），硬件完成以下动作。

❑　save cs:eip/ss:esp/eflags：当前 CPU 上下文压入用户态进程 X 的内核堆栈。

❑　load cs:eip(entry of a specific ISR) and ss:esp(point to kernel stack)：加载当前进程内核堆栈相关信息，跳转到中断处理程序，即中断执行路径的起点。

（3）SAVE_ALL，保存现场，此时完成了中断上下文切换，即从进程 X 的用户态到进程 X 的内核态。

（4）中断处理过程中或中断返回前调用了 schedule 函数，其中的 switch_to 做了关键的进程上下文切换。将当前用户进程 X 的内核堆栈切换到选出的 next 进程（本例假定为进程 Y）的内核堆栈，并完成了进程上下文所需的 EIP 等寄存器状态切换。详细过程见 8.3.2 节的内容。

（5）标号 1，即上述代码第 50 行 "1:\t"（地址为 switch_to 中的 "$1f"），之后开始运行用户态进程 Y（这里 Y 曾经通过以上步骤被切换出去，因此可以从标号 1 继续执行）。

（6）restore_all，恢复现场，与（3）中保存现场相对应。

（7）iret - pop cs:eip/ss:esp/eflags，从 Y 进程的内核堆栈中弹出（2）中硬件完成的压栈内容。此时完成了中断上下文的切换，即从进程 Y 的内核态返回到进程 Y 的用户态。

（8）继续运行用户态进程 Y。

如上过程在 Linux 系统中反复执行，其中的关键点如下。

❏　中断和中断返回有 CPU 硬件上下文的切换。

❏　进程调度过程中有进程上下文的切换，而进程上下文的切换包括：从一个进程的地址空间切换到另一个进程的地址空间；从一个进程的内核堆栈切换到另一个进程的内核堆栈；还有诸如 EIP 寄存器等寄存器状态的切换。

2．Linux 系统执行过程中的几种特殊情况

以上为系统中最为常见的情况，但并不能完全准确反映系统的全部运行场景。还有一些场景，其中有一些细节和上面描述的不同，主要包括以下特殊情况。

❏　通过中断处理过程中的调度时机，内核线程之间互相切换。与最一般的情况非常类似，只是内核线程在运行过程中发生中断，没有进程用户态和内核态的转换。比如两个内核线程之间切换，CS 段寄存器没有发生变化，没有用户态与内核态的切换。

❏　用户进程向内核线程的切换。比最一般的情况更简略，内核现场不需要从内核态返回到用户态，也就是说省略了恢复现场和 iret 恢复 CPU 上下文。

❏　内核线程向用户进程的切换。内核线程主动调用 schedule 函数，只有进程上下文的切换，不需要发生中断和保存现场。它比最一般的情况更简略，但用户进程从内核态返回到用户态时依然需要恢复现场和 iret 恢复 CPU 上下文。

❏　创建子进程的系统调用在子进程中的执行起点及返回用户态的过程较为特殊。如 fork 一个子进程时，子进程不是从 switch_to 中的标号 1 开始执行的，而是从 ret_from_fork 开始执行的，在源代码中可以找到语句"next_ip =ret_from_fork"。

❏　加载一个新的可执行程序后返回到用户态的情况也较为特殊。比如 execve 系统调用加载新的可执行程序，在 execve 系统调用处理过程中修改了中断上下文，即在 execve 系统调用内核处理函数内部修改了中断保存现场的内容，也就是返回到用户态的起点为新程序的 elf_entry 或者 ld 动态连接器的起点地址。

3．操作系统内核

读者了解了上述 Linux 系统的一般执行过程和 Linux 系统执行过程中的几种特殊情况，对 Linux 操作系统内核的运行过程应该有了大致的认识。Linux 操作系统内核通过中断上下文切换和进程上下文切换这些基本的运行机制来保障 Linux 操作系统内核为用户提供最基

本和重要的服务，这些服务如下。

❑ 通过系统调用的形式为进程提供各种服务。

❑ 通过异常处理程序与中断服务程序为硬件的正常工作提供各种服务。

❑ 通过内核线程为系统提供动态的维护服务和中断服务中可延时处理的任务。

对于 x86-32 位的系统所有进程地址空间 3GB 以上的部分（内核态）都是共享的，也就是说所有进程看到的 3GB 以上部分的地址和内容都是完全一样的，尽管逻辑上每个进程的地址空间是独立的。这是所有进程都能使用共同的内核服务进行进程调度的基础。

8.5 Linux 系统构架与执行过程概览

8.5.1 Linux 操作系统的构架

通过阅读本书前述内容，现在再从整体上来理解操作系统的概念。任何计算机系统都包含一个基本的程序集合，称为操作系统。操作系统是一个集合，即包含用户态也包含内核态的组件，其主要功能或组成如下。

1．内核的主要功能

❑ 进程管理、进程调度、进程间通信机制、内存管理、中断异常处理、文件系统、I/O 系统、网络部分等。

2．其他程序

❑ 系统调用基础函数库、Shell 程序、系统命令、编译器、解释器、函数库等基础设施。

3．最关键

❑ CPU：即进程、中断等的管理与调度。

❑ 内存：内存分配与地址空间的映射。

❑ 文件：文件系统对磁盘空间的管理。

对于操作系统的目的，需要把握两个分界线。

❑ 对底层来说，与硬件交互管理所有的硬件资源。

❑ 对上层来说，为用户程序（应用程序）提供一个良好的执行环境。

Linux 操作系统的整体构架如图 8-2 所示。

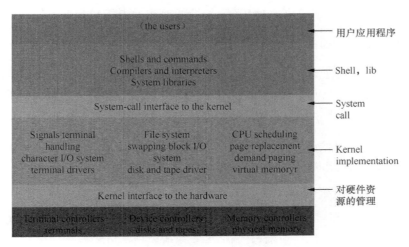

图8-2　Linux操作系统的整体构架示意图

图 8-2 中间为内核实现，内核向上为用户提供系统调用接口，向下调用硬件服务接口。其自身实现了如上文提到的进程管理等功能，在内核外还提供如系统命令、编译器、解释器、函数库等基础设施。

8.5.2　ls 命令执行过程即涉及操作系统相关概念

接下来，编者将以 ls 命令的执行过程来分析整个系统的运行。当用户输入 ls 并按回车键后，在 Linux 操作系统中发生的。整体过程如图 8-3 所示。

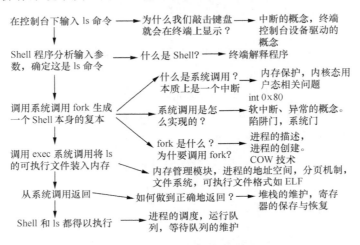

图8-3　ls命令执行过程示意图

主线如图 8-3 左侧，右侧则是前面章节中各种知识的汇总。如果读者可以清晰地理解图中的问题与相关概念，那说明你对 Linux 运行机制已经有了较为深入的理解。

读者可以想象从 CPU 的视角来看这一过程。

❏ CPU 在运行其他进程时，Shell 进程在等待获取用户输入，处于阻塞等待状态。当用户输入 ls 并按 "Enter" 键后，导致键盘产生中断信号（输入每个字符都会出发中断，这里为了简便省略了一些）。

❏ CPU 检测到键盘中断信号，转去中断处理程序，中断处理程序将 Shell 进程由等待状态转为就绪状态，被唤醒置于就绪队列。

❏ CPU 从键盘中断处理程序返回时，也就是中断处理结束前会检测是否需要进程调度，交互式进程被唤醒后 vruntime 较低，被优先调度的 Shell 进程很可能会恢复执行，其中会调用 fork 系统调用和 exec 系统调用，fork 系统调用和 exec 系统调用的具体内容见本书相关章节。

❏ CPU 执行 Shell 进程调用 fork 系统调用，结果是创建了一个子进程并在子进程中调用 exec 系统调用加载了 ls 命令（也是一个程序），这期间进程调度 Shell 进程被挂起，CPU 执行子进程，也就是 ls 进程。

❏ CPU 执行 ls 进程的效果就是输出当前目录下的目录和文件，这时 ls 进程终止，Shell 进程又进入等待用户输入的状态，系统发生进程调度 CPU 去执行其他进程。

8.6　进程调度相关源代码跟踪和分析

为了深入理解 Linux 系统中进程调度的时机，可以在内核代码中搜索 schedule() 函数，观察都是哪里调用了 schedule() 函数，这样读者可以对照源代码判断本章前述内容总结是否准确。同时读者可以借助本书配套提供的实验，运行 MenuOS 使用 gdb 跟踪分析 schedule() 函数，来实际验证对 Linux 系统进程调度与进程切换过程的理解。其中特别需要关注并仔细分析 switch_to 中的汇编代码，理解进程上下文的切换机制，以及与中断上下文切换的关系。接下来本书将概述配置运行 MenuOS 使用 gdb 跟踪分析 schedule() 函数的过程，供读者参考。

8.6.1　配置运行 MenuOS 系统

请读者在实验楼提供的 Linux 虚拟机环境中打开一个 Shell 命令窗口，参照如下过程配置运行 MenuOS 系统。

```
shiyanlou:~/ $ cd LinuxKernel
# 如果之前已经有了menu，那么删除它，重新clone一个menu
shiyanlou:LinuxKernel/ $ rm menu -rf
shiyanlou:LinuxKernel/ $ git clone https://github.com/mengning/menu.git
正克隆到 'menu'…
remote: Counting objects: 54, done.
remote: Compressing objects: 100% (54/54), done.
remote: Total 38 (delta 2), reused 0 (delta 0), pack-reused 54
Unpacking objects: 100% (54/54), done.
检查连接… 完成。
shiyanlou:menu/ (master) $ ls
LICENSE linktable.c linktable.h Makefile menu.c menu.h README.md test.c
# 重新编译内核(自动编译生成并启动Menu)
shiyanlou:menu/ (master) $ make rootfs
gcc -o init linktable.c menu.c test.c -m32 -static -lpthread
cp init ../rootfs/
find init | cpio -o -Hnewc |gzip -9 > ../rootfs.img
qemu -kernel ../linux-3.18.6/arch/x86/boot/bzImage -initrd ../rootfs.img
```

8.6.2　配置 gdb 远程调试和设置断点

读者在启动 MenuOS 系统可以通过增加"-s -S"启动参数打开调试模式，命令如下：

```
qemu -kernel ../linux-3.18.6/arch/x86/boot/bzImage -initrd ../rootfs.img -s -S
```

另外打开一个 Shell 命令窗口进行 gdb 进行远程调试，配置 gdb 远程调试和设置断点，相关命令如下：

```
gdb
file ../linux-3.18.6/vmlinux
target remote:1234
b schedule
b context_switch
b switch_to
b pick_next_task
```

8.6.3　使用 gdb 跟踪分析 schedule()函数

在调试模式下重新运行 MenuOS 系统可以看到 MenuOS 运行到 schedule 函数停下来，如图 8-4 所示。

```
2861              if (blk_needs_flush_plug(tsk))
2862                      blk_schedule_flush_plug(tsk);
2863      }
2864
2865  asmlinkage __visible void __sched schedule(void)
2866  {
2867          struct task_struct *tsk = current;
2868
2869          sched_submit_work(tsk);
2870          __schedule();
```

图8-4 schedule()函数断点截图

schedule 函数的作用非常重要，是进程调度的主体函数。其中 pick_next_task 函数是 schedule 函数中重要的函数，负责根据调度策略和调度算法选择下一个进程，pick_next_task 函数断点截图如图 8-5 所示。context_switch 函数是 schedule 函数中实现进程切换的函数，context_switch 函数断点截图如图 8-6 所示。switch_to 是 context_switch 函数中进行进程关键上下文切换的函数，如图 8-7 所示为 switch_to 断点截图。

```
(gdb) list
2819          }
2820
2821          if (task_on_rq_queued(prev) || rq->skip_clock_update < 0)
2822                  update_rq_clock(rq);
2823
2824          next = pick_next_task(rq, prev);      使用某种调度策略，
2825          clear_tsk_need_resched(prev);
2826          clear_preempt_need_resched();         选择下一个进程来切
2827          rq->skip_clock_update = 0;
2828                                                换
(gdb)
```

图8-5 pick_next_task函数断点截图

```
2829          if (likely(prev != next)) {
2830                  rq->nr_switches++;
2831                  rq->curr = next;
2832                  ++*switch_count;
2833                                         实现进程的切换
2834                  context_switch(rq, prev, next); /* unlocks the rq */
2835                  /*
2836                   * The context switch have flipped the stack from under
us
2837                   * and restored the local variables which were saved whe
n
---Type <return> to continue, or q <return> to quit---
```

图8-6 context_switch函数断点截图

```
(gdb) list
242           * the task-switch, and shows up in ret_from_fork in entry.S,
243           * for example.
244           */
245          __visible __notrace_funcgraph struct task_struct *
246          switch_to(struct task_struct *prev_p, struct task_struct *next_p)
247          {
248                  struct thread_struct *prev = &prev_p->thread,
249                          *next = &next_p->thread;
250                  int cpu = smp_processor_id();
251                  struct tss_struct *tss = &per_cpu(init_tss, cpu);
(gdb)
```

图8-7 switch_to断点截图

由于 switch_to 内部是内嵌汇编代码，无法跟踪调试，不过这部分的内容我们已经在 8.4.2 节中进行了仔细分析，请读者自行理解 switch_to 内部内嵌汇编代码的单步执行过程。

8.7 单元测试题

判断题

（1）Linux 进程调度是基于分时和优先级的。 （ ）

（2）在 Linux 中，进程主动调度的时机可以在中断处理过程中、内核线程中和用户态进程中。 （ ）

（3）在 Linux 中，内核线程是只有内核态没有用户态的特殊进程。 （ ）

（4）在 Linux 内核调用 schedule() 函数进行进程调度，并调用 context_switch 函数进行上下文的切换，调用 switch_to 来进行进程关键上下文切换。 （ ）

（5）Linux 系统的一般执行过程可以抽象成正在运行的用户态进程 X 切换到运行用户态进程 Y 的过程。 （ ）

（6）在 Linux 中，内核线程可以主动调度，主动调度时不需要中断上下文的切换。 （ ）

（7）Linux-3.0 之后的内核可以看作各种中断处理过程和内核线程的集合。 （ ）